Making BOOK

Coser
手作裁縫師

自己作Cosplay
手作服&配件

日本VOGUE社◎授權

Contents

本書使用的
布料或副料全部出自
OKADAYA新宿本店

okadaya
SHINJUKU

STEP 1 製作前的準備

想要製作屬於自己的衣服，
卻不知從何開始……
首先從製作前的各種準備開始入門吧！

＼從這裡開始／

三方準備方式

2 決定輪廓
依照款式，如裙子還是
外套的單品製作方法。

1 資料收集
製作絕對不可或缺的，
服裝資料的收集。

3 決定素材
決定主要的布料，
和所需要的織帶、
釦子等裝飾品。

首先決定想要製作的服裝，
請發揮自己豐富的想像力吧！

1 資料收集

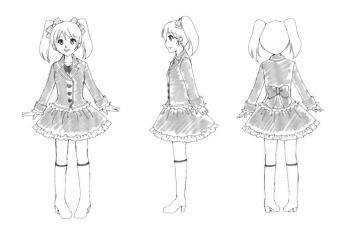

✔ 從漫畫、動漫中收集想要款式的資料。全身、後側、側面、細節等的資料全部收集，避免時間一久，忘記衣服原本結構。

✔ 收集了亂七八糟的龐大資料，為避免搞混，請完整畫出前面、側面、後面的全身構造圖，歸納整理出理想的設計。

收集資料的設定，動漫雜誌、書冊、電影宣傳海報等，作為衣服的參考。

決定輪廓

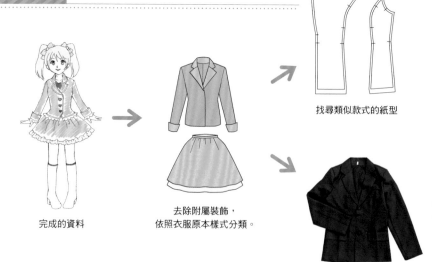

✓ 依據1的資料，考慮衣服的構造。先不考慮蕾絲、織帶等附屬裝飾，純粹從衣服樣式像是裙子、襯衫等著手。尋找類似的紙型製作服裝。初學者可以善用類似的服裝來加以改造。

完成的資料

去除附屬裝飾，
依照衣服原本樣式分類。

找尋類似款式的紙型

找尋類似款式的衣服

3 決定素材

✓ 依照收集的資料來考慮素材的布料等。重點就是衣服的輪廓和設計觀。因為決定素材是手作服裝最重要的一環。

輪廓

關於布料

依據款式布料的選擇也會改變。像是外套等硬挺的款式，如果選擇柔軟的布料，就會製作出不夠帥氣的外套。

使用厚一點、有張力的素材。

想要硬挺

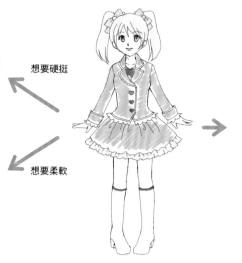

想要柔軟

柔軟的薄布料。

設計觀

很容易被忽視的一環。偶像風的閃亮素材、和風感的圖案布料等。依據想表現的世界選擇布料，表現需要的風格。

關於副料

依據整體的比例選擇織帶、蕾絲、釦子等，例如：柔軟布料搭配金屬釦，太重造成布料下垂。選擇時請放置在布料上，依據重量和大小、顏色來確認整體感覺。

實際走一趟手藝店或布料店，親手觸摸素材是否容易產生皺紋、其特質是什麼，再來購買，也比較容易聯想完成後的感覺。接下來將會介紹各種不同的布料。

介紹服裝製作的各種布料！

選擇可以傳達出世界觀的適合布料吧！

P.5至7介紹的布料或副料全部出自
「OKADAYA新宿本店」。

▶ 甜心偶像系列

化纖斜紋布
柔軟、不容易產生皺紋的布料。具有適當的厚度，可用來製作襯衫、裙子褲子等款式的基底布。

光澤沙典布
典雅的光澤，超品味且柔軟的沙典布。因為軟質特性，可以表現出細緻的細褶線條。

Russell蕾絲
高雅蕾絲布料。透明的蕾絲，可以重疊使用、或用於製作搖曳透明感的裙擺。

> 在舞台上更顯效果的光澤布。配合俏皮的搖擺，選擇輕薄的素材。

光澤網紗
想要維持一定的分量，但不想使用硬質網紗、或荷葉邊設計時都很推薦。就算不收邊也不會綻線。

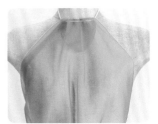

化纖歐根紗
輕薄透明、並具有張力。豐富的色彩選擇，也可以重複多種顏色、表現美麗的漸層色系。

各種不同種類的沙典布

從輕薄到厚實，從化纖、棉、絲等各種不同種類。

張力

先染沙典布
表面細緻光澤更顯沉穩，稍有厚度的沙典布。

彈性沙典布
具有鮮豔顏色和彈性。

霧面

光澤感

霧面沙典布
表面優雅霧面感，給人高雅的印象。

光澤沙典布
輕薄柔軟，且有光澤的素材。

柔軟感

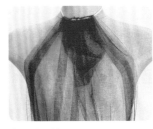

軟質網紗
輕薄透明，恰到好處張力的網紗布。不收邊也不會綻線。可以製作細褶。

亮片金蔥針織布
輕薄針織添加光澤亮片材質布料。舞台光照射時，因為亮片反射更加閃亮耀眼。

織紋布
浮現印花圖案的高雅素材布。不同於一般印花布的立體感，攝影海報等特別有效果。

合成皮草
仿真皮草製作的人工皮草。除了用在動物耳朵或尾巴之外，也可以使用在下襬或帽子邊緣等。

▶ 學院風系列

筆挺帥氣的制服，推薦比較具有張力和厚度的布。介紹幾款不易產生縐紋的素材。

斜紋布
具有一定厚度和張力的布料，使用在西裝或褲子款式非常合適。

化纖嘎別丁
不易產生縐紋、具有張力的布料。想要硬挺效果可搭配黏著襯一起使用。

化纖斜紋布
較薄且柔軟的布料。稍具垂墜感，適合製作裙子或褲子。

化纖針織布
較厚的針織布，適用於運動服款式。

T/C嘎別丁
混化纖材質，不易產生縐紋。中厚布料，適合外套、褲子和百褶裙款式。

棉質格紋布
棉質格紋布，最適合製作百褶裙這種制服設計的款式。

注意布料的透明度

比較輕薄或淺色的布料容易透光，要注意內襯的衣服或內衣。若單層製作請搭配內裡重疊使用，避免走光。

輕薄布料

淺色布料

關於化纖素材的厚度

上面介紹的3種化纖布料，依據厚度的不同，請搭配功能選擇。
※使用OKADAYA新宿本店布料時

輕薄柔軟

‥‥‥ 化纖斜紋布

‥‥‥ 化纖嘎別丁

‥‥‥ 斜紋布

厚實張力

▶豪華魅力系列

棉絨

表面起毛加工,具有柔軟和高雅光澤,看起來更加高級。大多屬於棉素材。

絲絨

表面起毛加工,高級感的針織素材。具有彈性的絲絨布,適合製作合身性感的服裝。

合成皮

布料表面塗有樹脂重疊,類似天然皮草。武器或盾牌等,適合厚重的工具製作。

漆皮

布料表面塗上樹脂等光澤布料。具有彈性伸縮特性,適合緊身款式。

> 合身款式請選擇具有彈性的布料。防護罩般衣服請使用合成皮革。

2WAY伸縮布

直橫織均為彈性線的針織布。適合緊身衣或泳裝使用。

喬琪紗

柔軟透明的輕薄素材。可以製作出優雅線條,像是細褶份量多的款式等。

▶日系和風系列

梨面布

表面粗糙如同梨子皮般觸感的布料。類似粗織紋布,非常適合日系和風感。

粗織紋布

表面具有粗糙凹凸褶皺,常常使用在和服上。

化纖提花布

光澤提花織紋的美麗布料。依據不同布料,光澤也有差異。

> 像是和服或乘馬袴等款式,推薦使用和服或華麗印花的布料。考慮角色所屬的時代和身分,也是一種不錯的方法。

金線織紋布

連同金線一起編織的花樣,給人豪華的印象。部分使用在領子或腰帶,可以展現華麗氛圍。

棉斜紋布

中厚材質柔軟、易車縫的布料。如果在上面描繪圖案,比較容易弄髒。

服裝製作的基礎

只要記住縫紉的基本技巧，就可以順利製作出自己的服裝。
重點非常多，即使不是初學者也可複習，製作時更加安心。

1 準備工具

製作服裝會使用各種不同工具輔助，請一開始先準備齊全。

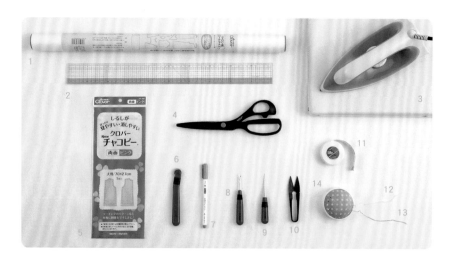

1 **紙型用紙（描圖紙）** … 模造紙等輕薄紙張，具透明感的紙張描繪紙型較為方便。

2 **直角方格尺** … 準備長50cm以上具有方格的尺較為便利。

3 **熨斗＆熨燙台** … 貼合黏著襯、摺疊縫份、整燙布料時使用。

4 **布剪** … 裁剪布料專用剪刀。記住千萬不可以來剪紙，刀刃會變得不銳利。

5 **複寫紙** … 將紙型轉印至布料的紙張。請搭配點線器一起使用。雙面複寫紙使用起來較為便利。

6 **點線器** … 藉由布料上推動前方的齒輪壓出記號。請參考P.12。

7 **消失筆** … 將紙型的記號描繪至布料的工具。只要噴噴水記號線就可以消失。另外還有過一段時間自然消失的種類。

8 **拆線器** … 車縫錯誤時，使用U形處拆線即可。拆除錯的縫線、或開釦眼時使用。

9 **錐子** … 領子翻回正面或整理邊角時使用，或輔助車縫布料使用。

10 **紗剪** … 剪紗線的小剪刀。

11 **捲尺** … 準確的測量身體尺寸，修改紙型時也很方便。

12 **絲針** … 固定兩片以上的布料。

13 **手縫針** … 手縫用針用於縫釦子或藏針縫、細部手縫時使用。

14 **針插** … 可將珠針或縫針集中插上。

> 品質優良的工具，可以提昇製作衣服的品質。就算稍微昂貴一點，也推薦在手藝材料行購買齊全。

★ 確認製作順序

製作衣服基本的順序

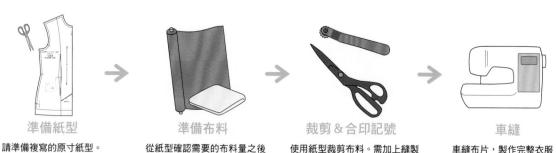

準備紙型
請準備複寫的原寸紙型。

準備布料
從紙型確認需要的布料量之後購買。

裁剪＆合印記號
使用紙型裁剪布料。需加上縫製的合印記號。

車縫
車縫布片，製作完整衣服。

2 | 準備紙型

原寸紙型的使用方法

描繪

→ 直接使用   修改設計 →

加上縫份
↓
裁剪布料

增加剪接
改變長度
加入荷葉邊
加入細褶
……等

紙型的記號

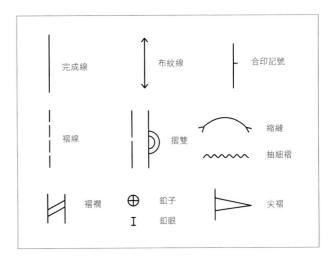

完成線   布紋線   合印記號

褶線   摺雙   縮縫
          抽細褶

褶襇   釦子   尖褶
        釦眼

斜向邊角加上縫份的方法

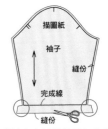

①邊角之外的縫份加上之後，邊角周圍預留多一點分量裁剪。

②袖口摺疊至完成線，沿著袖下縫線裁剪多餘部分。

③這樣就可以車縫出漂亮的縫份了。

描繪紙型

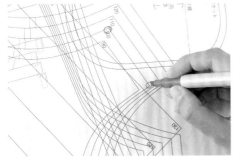

在想要描繪的紙型的邊角，作上小小的記號，就可以輕鬆描繪。

紙型上疊上描圖紙等輕薄透明的紙，固定至腰圍處後以直尺描繪。 ※若是四角形的款式，沒有附贈紙型時，請直接以消失筆在布料上描繪。

描繪好的紙型加上縫份

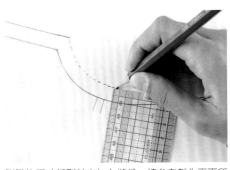

附贈的原寸紙型並未加上縫份。請參考製作頁面所記載的縫份尺寸，以直尺描繪加入。

畫上合印記號和布紋線之後，以剪刀或美工刀裁下。

請依照紙型準備需要的布長，裁剪前需先準備。

★ 布長的決定方法

如果使用布料比起製作方法記載的布寬較為窄或較寬，
需要修改紙型時，請測量紙型長度決定用量。

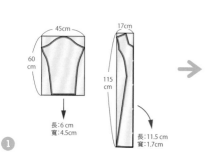

①
請測量紙型最寬和最長的部分。縮小1/10製作四邊角。

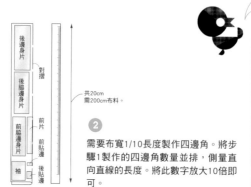

共20cm
需200cm布料。

②
需要布寬1/10長度製作四邊角。將步驟1製作的四邊角數量並排，側量直向直線的長度。將此數字放大10倍即可。

改變布寬，需要的用量也會改變。

150cm寬　110cm寬　90cm寬

布寬90cm、110cm、150cm等種類非常豐富。依據布寬不同，紙型的配置也會改變。請參考上圖改變的用量。

★ 關於布料

裁剪布料時需要的各種專業用語，請加以熟記。

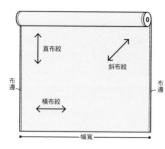

直布紋
斜布紋
橫布紋
布邊
幅寬

- **布邊** … 布料的兩側不會綻線。
- **直布紋** … 與布邊平行的布紋。對齊紙型的箭頭標誌。
- **橫布紋** … 與布邊垂直的布紋。
- **斜布紋** … 與布邊呈現45°的正斜布紋不易鬆邊、且具伸縮性。也是斜布紋裁剪方向。
- **幅寬** … 布邊至布邊的長度。

★ 布料疊合的方法

正面相對和背面相對處理方法。

（背面）　（正面）
（正面）　（背面）

正面相對
布料正面相對疊合。

背面相對
布料背面相對疊合。

★ 布料浸濕和整理布紋

考慮完成的作品，
裁剪前必須處理的2個步驟。

為何布料需要浸濕和整理布紋？

有些布料吸水後會收縮，導致布紋歪斜、或褪色。如果沒有作任何處理，製作的衣服會扭曲、染色等。所以需要浸濕和整理布紋。

\ 檢查 /

收縮部分

請確認裁剪成10cm布片的變化。將布片浸水，輕輕擰乾，熨斗熨燙整理。如果縮水，必須整理布紋。

< 整理布紋方法 >

● 整理棉、麻布料

布料（背面）
布料（背面）
熨燙台

①
重複摺疊布料，置洗衣網內放進水中浸泡1小時左右。

②
請輕輕擰乾，注意不要損害到布料本身後陰乾。自然風乾即可。

③
從背面拉伸布紋成直角狀，整理並熨燙。

● 整理羊毛布料

布料（背面）

①
布料背面噴上水氣。

②
放進塑膠袋內靜置1個小時左右，從背面熨燙整理。

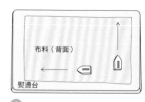

化學纖維的布料，以熨斗熨燙整理即可。

4 | 裁剪

裁剪需慎重且正確確認才行。摺雙部分、或有無短缺布片，都需確認過後再行裁剪。

★ 裁剪方法

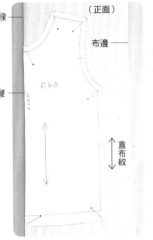

（正面）

布邊

前衣褶

直布紋

① 熨燙布料時，先將皺褶燙平。為方便作上合印記號背面相對疊合，紙型對齊布紋放置。前中心附有摺雙標誌部分，對齊布料褶線。

※布料有分上下方向，裁剪時請注意每片紙型方向必須統一。如果沒有注意，紙型上下混著裁剪，會因為布紋或順逆毛的方向，導致服裝歪斜。

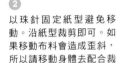 

② 以珠針固定紙型避免移動。沿紙型裁剪即可。如果移動布料會造成歪斜，所以請移動身體去配合裁剪方向。

便利的裁刀

裁剪輕薄布料或針織布時最為便利，請一定要準備鋪在下面保護桌面的裁切墊。

注意點

印花方向

選擇具有上下方向布料，紙型方向也須統一裁剪。也須注意前後片布紋方向性。

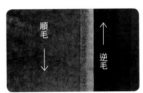

順毛

逆毛

順逆毛方向

起毛素材（棉絨、天鵝絨、合成皮草）的毛具有方向性。棉絨、天鵝絨毛海較短，顏色較深的一面為逆毛。

★ 對花方法　條紋或格紋接縫時，需完美漂亮將圖案對齊裁剪。

上衣

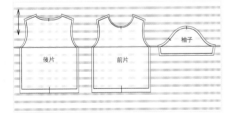

後片　前片　袖子

脇邊印花需連接，脇下位置的印花圖案需一致。

褲子

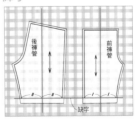

後褲管　前褲管

缺字

下襬線位置印花圖案需一致，下襬對摺兩等份印花圖案也須一致。

★ 關於疏縫　如果大量修改原本紙型的服裝，請先將衣服疏縫固定，檢查服裝比例並加以調整。

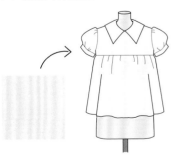

胚布假縫

使用胚布進行假縫，組合衣服並調整比例輪廓。例如細褶分要增加一些等，調整完後請修改紙型。

縮小腰圍

長度變短

實際布料疏縫

使用實際布料進行假縫時，請預留多一點分量的縫份再行裁剪。粗縫衣服並調整比例輪廓。利用縮小腰圍，將縮小處作上記號，拆掉疏縫線。調整縫份分量正式車縫。

5 | 關於黏著襯

黏著襯讓衣服更加完美的必需品。確認紙型上的指定位置，一定要貼合使用。

★ 黏著襯

有黏著襯　　無黏著襯

薄布料單面附有黏著劑。可以支撐布料挺度、或使用在補強時使用的黏著襯。請比較看看貼上黏著襯的領子和沒有貼的差別。

★ 黏著襯的種類

梭織襯

基底布是平織材質，適合用在一般平織材質的布料上。

針織襯

編織而成的基底布。如果要黏貼在針織材質上，請選擇這種款式才不會損害布料質感。

不織布襯

基底布是不織布材質，不管任何方向都可以裁剪使用。適合用於帽子和包包等小物作品上。

選擇黏著襯的方法

厚　薄

輕薄布料請選擇薄襯，厚重布料請選擇厚襯使用。輕薄布料選擇厚襯，會造成多餘的黏著劑滲至表面。厚重布料選擇薄襯，要製作出正確形狀時，可以選擇硬的黏著襯。

黏貼時注意布料和黏著襯之間，有無縫線等塵屑夾入。

★ 黏著襯的貼法

○ 從中心開始

黏貼黏著襯時絕對不要滑動熨斗，由上往下每一次按壓燙貼約15至20秒。提起熨斗再下壓熨燙，不要有空隙才能整體黏貼。待布料冷卻安定後再移動。

× 有空隙

※溫度如果太高會導致黏著膠融化，請先使用零碼布試燙。

● **全面貼合**

全面貼合時，裁剪比紙型再稍大一點的布料後，整面貼上黏著襯。重疊紙型，正確裁剪下來。

● **部分貼合**

依紙型裁剪下的布片，貼上需要黏貼的黏著襯。

6 | 關於合印記號

加上車縫時所需要的所有記號。只需要可以正確裁剪布料的部分即可。

★ 合印記號位置

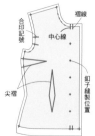

褶線
合印記號
中心線
尖褶
釦子縫製位置

● 邊角
● 合印記號
● 中心
● 開叉止點
● 釦子縫製位置
● 釦眼
● 裝飾或口袋位置
● 尖褶
● 間褶
● 弧線的完成線

完成線不作合印記號OK

合印記號是為了縮短製作上的時間。布料只需要對齊縫紉機上針版的記號即可車縫。並不需要完成線記號。
※手縫時要作完成線記號。

★ 標示記號的方法

布用複寫紙

在布料之間包夾複寫紙（雙面），點線器沿紙型描繪。適合起毛素材、羊毛、針織布之外的布料。

記號筆

開洞器先將紙型記號處開洞孔，以記號筆作上記號。適合漆皮或合成皮等。

剪牙口

以剪刀剪下約0.2cm牙口，如尖褶等無法在布料內側作上記號。適合各種布料。

疏縫記號

沿紙型疏縫作上記號。等完成需將疏縫線拆除。像羊毛、起毛素材最為合適。不適合會傷害布料表面的材質，如漆皮或合成皮等。

7 | 基本車縫方法

接下來只要車縫製作。請記得車縫技巧，讓過程更加順暢。

★ 珠針使用方法

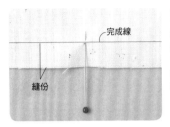

珠針使用方法

和完成線成直角插入。垂直插入時，稍稍挑起下面的布料從表面出針。挑起太多分量的布料易造成移位。

珠針順序

從邊端開始固定容易造成移位，一開始從兩端開始（❶❷），接下來是中心（❸）、再接下來（❹❺）。

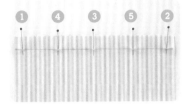

尤其是凸弧線和凹弧線處在接縫時，從縫份邊端開始固定會造成錯移，一開始從兩端後，再固定中間部分。

★ 布料＆縫針＆縫線關係

不適合布料的針線，容易造成縫針斷裂、車縫時會有問題，請選擇適合布料的縫針和縫線。

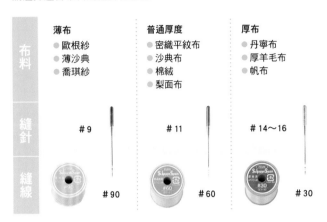

	薄布	普通厚度	厚布
布料	● 歐根紗 ● 薄沙典 ● 喬琪紗	● 密織平紋布 ● 沙典布 ● 棉絨 ● 梨面布	● 丹寧布 ● 厚羊毛布 ● 帆布
縫針	#9	#11	#14～16
縫線	#90	#60	#30

專用縫針

針織布專用縫針＆合成皮革等皮革專用縫針。皮革專用縫針也可以使用於一般布料。

針織布　　皮革
專用縫針　專用縫針

★ 始縫點和止縫點

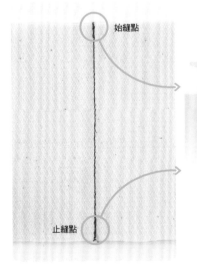

始縫點

止縫點

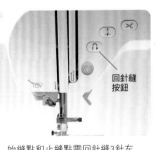

回針縫按鈕

始縫點和止縫點需回針縫3針左右。

★ 關於縫線處理

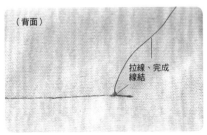

（背面）

拉線、完成線結

（背面）

從內側拉縫線會出現線環，以錐子將線端兩條縫線從內側拉出，如果是不易鬆開的布料，從根部直接剪斷即可。針織布或粗織紋布縫線容易散開，請打結後再行裁剪。

★ 試縫確認縫紉機的車縫線狀態

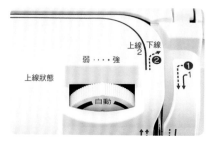

最近大部分的縫紉機都有自動調節縫線的功能，車縫前一定要試縫確認縫線鬆緊。

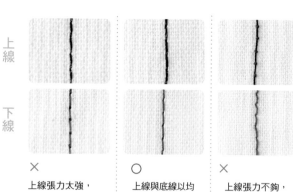

×	○	×
上線張力太強，請將上線調鬆一點。	上線與底線以均等的張力結在一起。	上線張力不夠，請將上線調緊一點。

★ 直線車縫

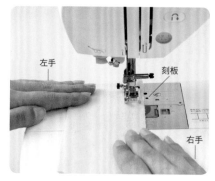

左手放置內側，扶住布料。右手放置前側，輕壓住布料車縫。車縫時不是看著縫針，注視著縫針旁的刻板刻度、直線車縫。

防止縫線歪斜的小工具

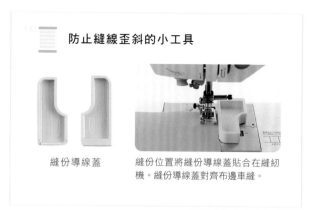

縫份導線蓋　　縫份位置將縫份導線蓋貼合在縫紉機。縫份導線蓋對齊布邊車縫。

★ 細褶車縫方法

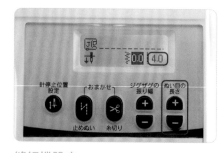

縫紉機設定

旋轉可以改變縫線長度的按鈕，調整成粗針目。

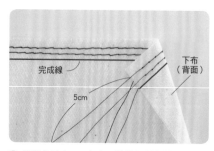

① 縫線約拉出5cm左右，縫份內側車縫兩條縫線。終端縫線也預留5cm左右。

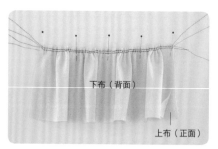

② 下布與上布合印記號正面相對疊合，兩條上線一起拉縮，以手指調整整體細褶比例。

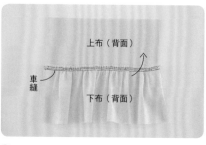

③ 沿完成線車縫，縫份倒向上布側。

④ 細褶完成。

★ 處理縫份 避免布端綻線的處理

Z字形車縫
布端Z字形車縫。

布邊縫
車縫布端後再處理。適合容易綻線或厚布素材。

二褶邊車縫
摺疊布端後車縫，背面看的到布端。

三褶邊車縫①
同寬布端摺疊兩次車縫，適合輕薄布料。

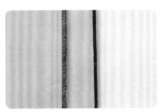

三褶邊車縫②
布端同樣摺疊兩次，但第一褶較寬。適合厚布料。

處理輕薄布料下襬的便利工具

壓布腳會將布料捲進，就像手帕邊緣般三摺邊後車縫。

拷克機（平針縫）
車縫布邊機器，可作成如同市面上的商品一般。

拷克機（捲邊縫）
密捲布端縫製，適合輕薄布料。

---

8 | 熨斗熨燙

製作衣服最重要的一環就是熨燙，依照熨燙方法，衣服的完成度也會有所不同。

縫份倒向方向
縫份倒向單側。

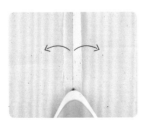

燙開縫份
縫份倒向左右側。

沒有熨燙時

○　　×

有熨燙一邊縫份整齊倒下，也沒有皺褶很完美。整齊倒下的縫份讓完成度更加提昇。

挑戰製作服裝

使用附錄的紙型製作服裝。
星星符號越多，代表難易度越高。
一開始請選擇難度低的作品製作。

1 2 3 連身裙
可隨意組合

這3款連身裙全部可以自由拼接身
片、袖子、裙子等。全部可製作27
款種類的連身裙。

領圍 >>

袖子 >>

裙子 >>

使用布料

塔夫綢

1 長袖連身裙

難易度 ☆☆☆

長袖的長連身裙。袖襱到下襬剪
接片又叫公主線。增加裙長也可
以當作小禮服使用。採用高雅光
澤的塔夫綢素材製作。

design & make
岡本伊代
How to make
P.25（LESSON）
P.53（材料和裁布圖）

FRONT

BACK

2

無袖連身裙

難易度 ★☆☆

比起1的連身裙，裙子的分量更
多。無袖設計加上方形領款式。
偶像服裝款式等，適合各種可愛
女生的設計。

(design & make
岡本伊代
How to make
P.54)

使用布料
緞面
沙典布

FRONT　　　　BACK

3

燈籠袖連身裙

難易度 ★★★

為了製作美麗的燈籠袖，分為內袖和
外袖兩層構造。腰圍剪接分量很多的
細褶裙設計。可愛的領子和袖口設
計，腰帶採用沙典布光澤面。

(design & make
岡本伊代
How to make
P.56)

使用布料
背面
沙典布

袖子
外袖
內袖

FRONT　　　　BACK

17

4 箱型百褶裙

難易度 ☆☆☆

加入箱型褶的箱型百褶裙。只有褶子內側的布料不一樣。腰帶穿過緞帶編織完成。

design & make
Atelier Angelica
佳友亞希
How to make
P.61

FRONT　　　　　BACK

使用布料

格紋布

牛津布
（黑）

簡單編織的緞帶綁繩設計

單邊縫上吊環緞帶，簡單的編織效果完成。
包夾至布料中車縫，穿過緞帶就完成了。

5

細褶百褶裙

難易度 ★☆☆

為了呈現美麗的傘狀下襬，腰部加入些許細褶設計。使用熨斗仔細熨燙百褶裙。

(**design & make**
Atelier Angelica
佳友亞希
How to make
P.64)

使用布料

T/C
軋別丁

FRONT

BACK

百褶裙不可或缺的
「百褶加工噴霧」

百褶褶線專用加工噴霧器，製作起來更加漂亮。不會因為使用洗衣機造成褶線消失。

只有熨燙處理
褶線變淺或消失。

褶線專用加工噴霧
褶線整齊美麗。

圓裙款式×4

以下介紹四種不同分量的圓裙款式。
裙子內側穿上蓬裙可以增加分量感，
但是也會影響蓬鬆度，請加以注意。

使用布料

沙典布

無蓬裙　　　　　有蓬裙

無蓬裙　　　　　有蓬裙

6　180°圓裙

難易度 ★☆☆ ・・・

分量不多的圓裙款式。加入蓬蓬裙剛好蓬起，沒有皺褶，下襬長度也會短一點。

(
design & make
岡本伊代（P.22至23）
How to make
P.58
)

7　270°圓裙

難易度 ★☆☆ ・・・

加入蓬蓬裙，製造適度的波浪，給人柔軟印象。

(
How to make
P.60
)

無蓬裙　　　　有蓬裙

無蓬裙　　　　有蓬裙

8 360° 圓裙

難易度 ☆☆☆

多分量的波浪皺褶，比較適合坐著的姿勢。

(How to make
P.60)

9 360° ＋細褶裙

難易度 ☆☆☆

全圓裙搭配細褶，採用大分量褶子設計。

(How to make
P.59)

10 馬甲胸衣

難易度 ★★☆

背面使用隱形拉鍊，也可以改用
一般的拉鍊。簡單又方便變換的
款式。肩繩可以取下。

design & make
Atelier Angelica
佳友亞希
How to make
P.66

How to make P.66

使用布料

合成皮革

FRONT

BACK

合成皮革或漆皮
車縫方法

合成皮革或漆皮表面樹脂加工，車縫時因為有阻力不
好縫製。也不要使用珠針會破壞布料。請先準備好工
具再行縫製。

●必要工具

塑膠壓布腳

塑膠壓布腳較滑順，不會
阻礙縫製。

矽立康潤滑劑

塗在縫針和壓布腳背面，可
以順利車縫。

強力夾

合成皮革或漆皮使用珠針
會破壞布料，請使用強力
夾加以固定。

○

×

●車縫設定 設定

縫線狀況	稍弱
縫線長度	稍粗
壓布腳壓力	弱

服裝最常使用的拉鍊

選擇拉鍊時請先考慮服裝的設計再來挑選。

●種類

隱形拉鍊
表面看不到縫線。

針織拉鍊
織帶為針織布素材，輕
薄柔軟的拉鍊款式。

金屬拉鍊
金色或銀色拉鍊齒的
金屬製拉鍊。

●必要工具

隱形拉鍊壓布腳
車縫隱形拉鍊的專用壓
布腳。

單邊壓布腳
針織拉鍊或金屬拉鍊使
用。

使用布料

OKADAYA
2Way
伸縮漆皮布

11 緊身衣

難易度 ★★☆

立體的剪接線設計，搭配2Way
伸縮漆皮布更可以貼和身體。依
據布料不同伸縮率也不一樣。為
了完全貼合身體請務必先疏縫試
穿調整。

(design & make
Atelier Angelica
佳友亞希
How to make
P.68)

FRONT　　　　BACK

※隱形拉鍊、針織拉鍊均為YKK。

使用布料

2Way彈性布

FRONT BACK

12

連身泳裝

難易度 ★★☆

使用伸縮性高的2Way彈性布。
胯下為了完全貼合，縫有鬆緊
帶。從頭穿脫的罩衫式款式，如
果有搭配裝飾小裙子等，記得脇
邊要追加開叉。

(design
おさかなまんぼう
make
岡本伊代
How to make
P.71)

13

比基尼

難易度 ★★☆

胸罩放入胸墊維持形狀，褲子為
避免透明，採兩層重疊車縫。胸
罩繩使用針織布專用緞帶，也可
裁剪橫向針織布縫製使用。

(design & make
留衣工房
How to make
P.72)

FRONT BACK

使用布料

2Way彈性布

Lesson 1 長袖連身裙 P.16

※材料、裁布圖、完成尺寸參考P.53。
※為容易理解說明，改變了布料與車縫線的顏色。

❶ 車縫身片

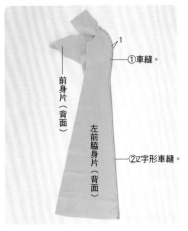

1 前身片和前脇身片正面相對疊合車縫，縫份兩片一起進行Z字形車縫。

2 另一側作法相同，縫份倒向前身片側。

3 後片和後脇伸片正面相對疊合車縫，縫份兩片一起進行Z字形車縫。倒向後身片側。左身片也依相同方法。

❷ 車縫肩線

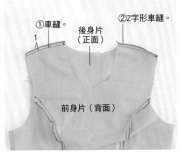

前後身片正面相對疊合車縫肩線，縫份兩片一起進行Z字形車縫。倒向後身片側。

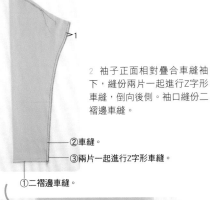

2 袖子正面相對疊合車縫袖下，縫份兩片一起進行Z字形車縫，倒向後側。袖口縫份二褶邊車縫。

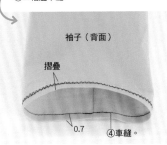

❸ 車縫脇邊

前後脇身片正面相對疊合，車縫兩脇邊，縫份兩片一起進行Z字形車縫。倒向後身片側。

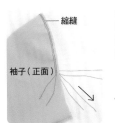

3 拿起車縫袖山的下線抽拉細褶，注意不要超過完成線。（縮縫）

身片和袖子正面相對疊合以珠針固定。

❹ 製作袖子・接縫

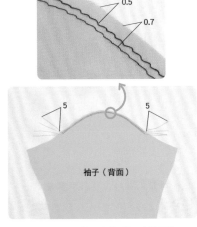

1 袖山記號之間以粗針目車縫兩條，兩端預留約50cm縫線。

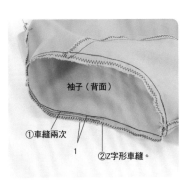

4 車縫袖襱。袖子較容易拉扯，同樣部位重疊車縫。縫份兩片一起進行Z字形車縫，倒向袖側。

⑤ 回針縫

粗針目車縫
止縫點
回針縫
普通縫線

Z字形車縫
右後身片（背面）
左後身片（正面）

1 後身片縫份各自進行Z字形車縫。

1.5
止縫點
右後身片（背面）

2 後身片正面相對疊合，以粗針目車縫領子至止縫點，止縫點下方換回一般針目，進行回針縫後續縫至下襬。

後身片（背面）
燙開

3 燙開縫份。

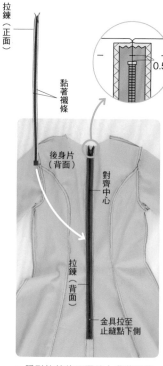

拉鍊（正面）
黏著襯條
0.5
後身片（背面）
對齊中心
拉鍊（背面）
金具拉至止縫點下側

4 隱形拉鍊的正面貼上黏著膠帶。拉鍊中心和後中心對齊貼合。手固定住金具，拉至止縫點下側。

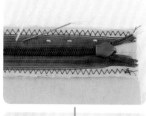

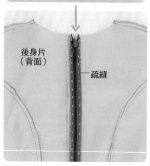

後身片（背面）
疏縫

5 拉鍊疏縫至後片縫份。注意不要連後身片表面一起縫製。

後身片（正面）

6 將步驟2領圍止縫點粗針目車縫線拆除，再進行裁剪。

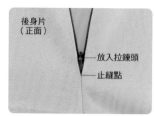

後身片（正面）
放入拉鍊頭
止縫點

後身片（背面）
將拉鍊頭拉出

7 拉鍊頭塞入止縫點內側，從裡面拉出。

隱形拉鍊壓布腳
右後身片（正面）
拉鍊齒

8 採用隱形拉鍊專用壓布腳。需將拉鍊齒放進壓布腳溝槽中，以手指撥起拉鍊齒。

\ OK /

拉鍊（背面）

手指撥起拉鍊齒始車縫。

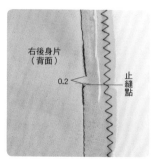

右後身片（背面）
0.2
止縫點

9 拉鍊車縫至止縫點前0.2cm處。

左後身片（正面）

10 另一側依相同方法車縫。

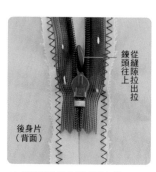

從縫隙拉出拉鍊頭往上拉
後身片（背面）

11 從縫隙拉出拉鍊頭至表側。

拉下金具車縫

12 將金具移至止縫點以老虎鉗夾住固定。

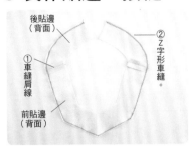

⑥ 製作貼邊・接縫

13 拉鍊邊端摩擦身體不舒服,請包夾邊端接縫布車縫。

14 拉鍊邊端車縫固定於後身片縫份。

1 前、後貼邊正面相對疊合車縫肩線。燙開縫份。貼邊外側車縫。

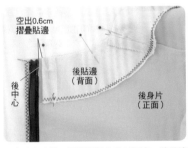

2 身片和貼邊正面相對疊合珠針固定。後貼邊邊端,從後中心完成線 0.6cm 位置摺疊。

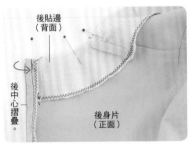

3 摺疊後中心縫份,以珠針固定。

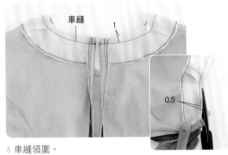

4 車縫領圍。

縫份裁剪為 0.5cm。

5 避免翻至正面無法服貼,弧線處約 1cm 間隔左右剪入牙口。

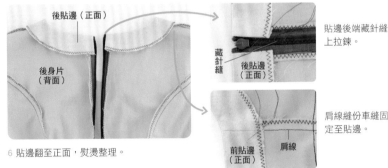

6 貼邊翻至正面,熨燙整理。

貼邊後端藏針縫上拉鍊。

肩線縫份車縫固定至貼邊。

⑦ 車縫下襬

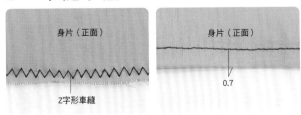

車縫下襬縫份,二摺邊車縫。

⑧ 裝上鉤釦

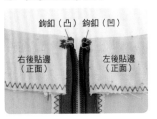

右後貼邊裝上鉤釦(凸)、左後貼邊鉤釦(凹)縫製。

＼完成／

開釦眼

●釦眼大小

釦眼就是釦子寬度+釦子厚度來製作的。

直徑

厚度

●製作方法

1 換成釦眼專用壓布腳，改用釦眼專用縫線車縫。

2 縫線內側以珠針插入固定。使用切線器切開，注意不要裁到布料。

使用布料

斜紋布

14

西裝外套

難易度 ☆☆☆

(design & make
留衣工房
How to make
P.73)

制服或偶像服裝裡常常出現的西裝外套，適合男性使用的設計。領子紙型多較複雜，請確認製作順序再車縫。

FRONT

BACK

用布料

Brocade

FRONT　　　　BACK

15 絲瓜領大衣

難易度 ☆☆☆

絲瓜領型設計大衣。將**14**的西裝外套下襬增長改成大衣。如果裡面還要搭配西裝外套，請選擇大一尺寸製作。

(design & make
留衣工房
How to make
P.76)

燕尾服 16

難易度 ☆☆☆

尖尖的領型設計，需使用錐子整理形狀。只有燕尾下襬需車縫裡布。這樣不但車縫輕鬆，拍照起來也很美觀。

(design & make
留衣工房
How to make
P.78)

使用布料

公爵夫人
（表布）
Sorechito
（裡布）

燕尾

FRONT　　　　BACK

內側加入墊肩。

FRONT   BACK

使用布料

化纖布料

17 學生制服(附鈕子)

難易度 ☆☆☆

窄版設計的學生制服款式。後中心為了方便移動附有開叉設計。胸前的四角口袋是裝飾口袋。

(design & make
cosmode
How to make
P.80)

18 學生褲

難易度 ☆☆☆

左脇隱形拉鍊設計需製作開叉,比起前開褲子製作更加簡單。沿著膝蓋漸漸變窄的輪廓,並熨燙中心褶線。

(design & make
cosmode
How to make
P.84)

使用布料

化纖布料

FRONT   BACK

學生制服(附拉鍊) **19**

難易度 ☆☆☆

(design & make
cosmode
How to make
P.82)

和**17**學生制服設計大致相同，
前襟改為拉鍊款式。沿著領子
和前襟斜布紋緞帶滾邊。車縫
上一般拉鍊。

使用布料

化纖布料

FRONT

BACK

💡 **請記住關於服裝的部位名稱**

製作衣服時需要用到很多專有名稱，
只要記熟，車縫過程也會更加順利。

連身裙

領圍　領子　袖襴
袖子
前身片
袖口布
袖口
細褶
裙子
下襬

西裝

貼邊　　表領
領圍止縫點
反摺線
反摺止點
外袖
內袖
袖口　下襬　釦眼

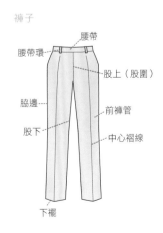

褲子

腰帶
腰帶環
股上（股圍）
脇邊
前褲管
股下
中心褶線
下襬

20

乘馬袴

難易度 ☆☆☆

為了騎馬而設計的袴褲款式。
注意摺疊的褶子形狀,漂亮熨
燙整理。插入袴止,可以維持
整齊的形狀。

(design & make
留衣工房
How to make
P.86)

FRONT　　BACK

使用布料

提花布

💡 **袴褲的穿法**　男性袴褲大約穿在下腹部位置才帥氣。

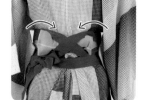

1　穿上和服,以繩子固定或腰
帶綁緊。前繩大約固定在下腹
的位置上。

2　前繩在背面交叉,通過前
面,再繞到後面綁緊。

3　插入袴止。

4　後繩繞至前面,穿過前繩打
結即可。

使用布料
棉絨

21

貝蕾帽

難易度 ☆☆☆

貝蕾帽一共由三種紙型構成,是初學者也可以輕鬆製作的單品。棉絨不好車縫,請一定要疏縫加以固定。

design & make
おさかなまんぼう
How to make
P.79

使用布料
Ester沙典布

22

絲質高帽

難易度 ☆☆☆

為了保持形狀,內側貼有很硬的黏著襯。帽沿為了補強和防止黏著襯剝落,帽沿周圍以斜布紋緞帶滾邊固定。尺寸帶可以手縫固定。

design & make
岡本伊代
How to make
P.88

使用布料
2Way伸縮布

23

手套

難易度 ☆☆☆

使用不需要處理縫份、邊端不易綻線的2Way伸縮布。謹慎接縫側幅和大拇指,完成度會更高喔!

design & make
岡本伊代
How to make
P.89

服裝製作的重點筆記

使用附錄的紙型、或類似服裝款式，
製作自己想要的設計單品。
最後可以挑戰封面的作品喔！

1 ┃ 紙型的變化修改

修改附錄的紙型，製作理想的舞台服裝。

★ 製作合身衣服

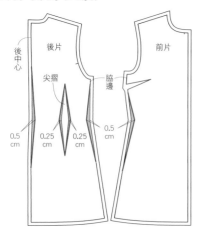

脇邊、尖摺、剪接片等腰線位置處，分散所需的褶子分量，完成線
往內側移動重新描繪。如果一圈需減4cm，後中心、脇邊、尖摺各
0.5cm這樣整體就窄了4cm。

★ 增加寬度

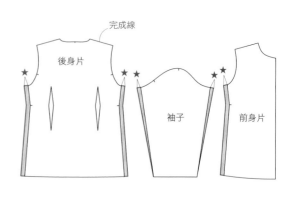

前後身片兩脇，分散所需分量。沿完成線往外側重新描繪。如果一圈
需增加4cm，前後片兩脇各增加1cm，這樣整體就增加4cm。如果是
袖子款式，袖下也請增加1cm。

★ 增加長度

< 裙片 >

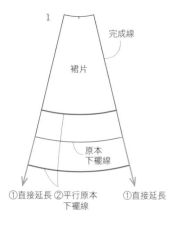

1 裙子脇邊直接延長，和原本下
襬線平行畫出想要的下襬線。

2 需接縫布片對齊腰線，確認下
襬線是否連結順暢。如果沒有，
請重新修順線條。

< 褲子 >

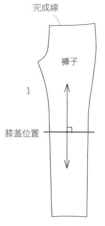

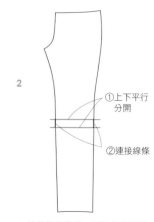

1 膝蓋位置和布紋線呈垂直線
描繪。

2 膝蓋位置剪裁，平行分開需要
增加的分量。連結兩脇線條。

★ 修改為前開釦子款式

< 理想款式 >

製作重疊份

紙型

縫份約4cm，對齊前中心平行描繪。

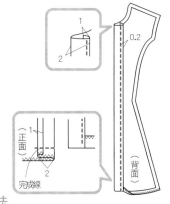

車縫方法

下襬如圖所示摺疊車縫，即可製作出美麗的下襬角度。前端縫份依1cm、2cm寬度三摺邊車縫。

★ 修改為前開襟款式

< 理想款式 >

前襟片

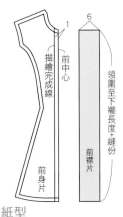

紙型

前中心1cm處描繪完成線。前襟（6cm*領圍至下襬長度+縫份）。

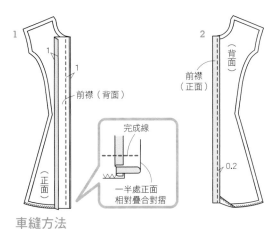

車縫方法

1 摺疊前襟縫份，和前片正面相對疊合車縫。下襬正面相對疊合對摺，沿完成線車縫。
2 前襟翻至背面車縫。

★ 修改為拉鍊款式

< 理想款式 >

拉鍊款式

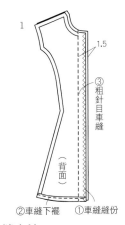

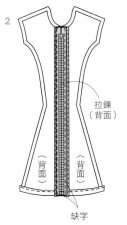

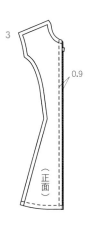

紙型

測量縫份1.5cm，依前中心平行畫線。

車縫方法

1 車縫縫份，下襬沿完成線摺疊車縫。前身片正面相對疊合，以粗針目車縫。
2 燙開縫份，重疊拉鍊疏縫固定。
3 拆開前中心粗縫縫線，從表面車縫固定拉鍊。拆除疏縫線。

★ 改變領型

‹ 圓領改為方形領 ›

1 四方形設計，從前中心朝向肩膀描繪形狀。

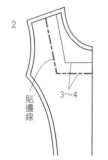

2 貼邊款式，平行步驟1的線條寬3至4cm描繪貼邊線。

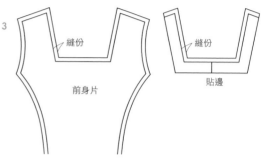

3 身片和貼邊紙型各自製作。

‹ 圓領改為波浪領 ›

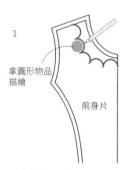

1 依據自己的喜好描繪波浪形狀。

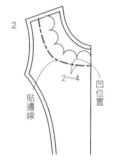

2 縫份採貼邊設計很簡單。沿波浪凹處平行描繪2至4cm貼邊線。

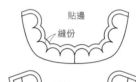

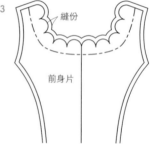

3 身片和貼邊紙型各自製作。

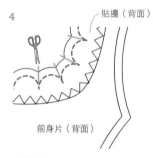

4 車縫貼邊時，身片和貼邊正面相對疊合車縫，凹處縫份需剪牙口，翻至表面時形狀才會漂亮。

‹ 剪接線設計 ›

1 描繪想要的剪接線位置。

2 步驟1的剪接線裁剪分開。

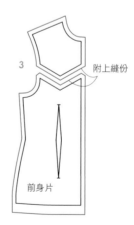

3 依完成線平行描繪縫份線。

★ 增加裙子下襬寬度

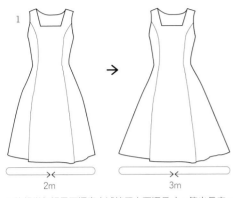

< 原本下襬尺寸 >　< 理想的下襬款式 >

2m　　3m

1 將想增加裙子下襬寬度減掉原本下襬尺寸，算出長度。
2 沿剪接片分散需要的寬度。確認接縫兩側長度是否一致。

前身片　　後身片
前脇身片　　後脇身片
完成線

各布均等分散需要的寬度。

★ 袖口荷葉邊設計

完成線
袖子
荷葉邊
同袖口長度

1 同袖口長度製作相同寬度的四邊形。

荷葉邊

2 分成四等分。

對齊邊角

分散荷葉邊

3 上端邊角對齊，下側展開需要的荷葉邊分量，即為荷葉邊紙型。

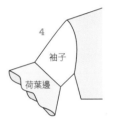

袖子
荷葉邊

4 車縫袖口。

★ 裙子細褶設計

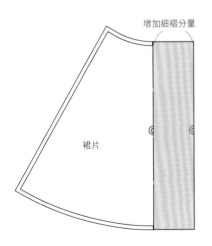

增加細褶分量

裙片

中心增加細褶分量。細褶分量隨著布料厚度不同，會影響整體外寬，請一邊調節一邊製作。

★ 燈籠袖設計

袖子
袖口布

1 袖口分成六等分，描繪分割線。袖口需要的細褶分量平均分配六等分。

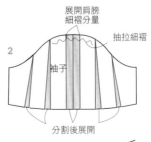

展開肩膀細褶分量
抽拉細褶
袖子
分割後展開

2 肩線袖山側展開細褶分量。袖口側的細褶分量分六等分。

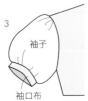

袖子
袖口布

3 袖口側對齊袖口布尺寸抽拉細褶、車縫袖口布。袖山側對齊袖襱抽拉細褶，車縫至身片。

37

無法找到理想的布料時，可以自己製作圖案或印花。

★ 不同種類的圖案

● 單色圖案

連續圖案	直線圖案	重點設計圖案
圓點等	條紋或格紋	動物、波浪、龍等大型圖案

● 多色圖案

和風圖案	漸層	校章等模樣

★ 單色圖案製作方法

< 連續圖案模版印染製作 >

圓點或格紋、劍紋等同樣形狀排列時，建議使用「模版印染」。

● 推薦的畫材和素材

水性壓克力顏料

布用的水性壓克力顏料，即使乾了也不會過於厚重，也無損布料的柔軟度。乾燥後一定要以熨斗仔細熨燙固定。日後洗滌或乾洗都沒問題。深色布料選擇不透明壓克力顏料，淺色布料選擇透明壓克力顏料。

布用噴漆

皮革或合成皮革、布、金屬、塑膠等素材都可以使用，也可以製作漸層效果。注意小心遠離火源，並在通風良好的地方使用。

**模版印染 &
專用裁切刀**

只要將喜歡的圖案描繪在模版上，使用專用裁切刀，熱熔後裁剪非常便利。

● 模板印染方法

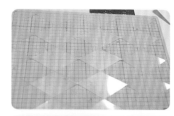

❶
使用模版製作想要的圖案，直線圖案請善用直尺描繪製作。

❷
畫筆或海棉沾取少量顏料，輕輕塗在鏤空處。或直接使用噴劑。

（背面）

❸
將模版拿下使其乾燥，從布料背面熨燙固定。

製作 Rumine Blossom

< 製作直線圖案 >

● 模板印染製作

膠帶

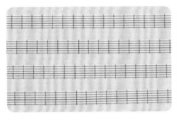

1 不上色的布貼上膠帶保護。

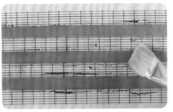

2 畫筆或海棉沾取少量顏料，輕輕塗上，或直接使用噴漆。

3 將模版拿下使其乾燥，從布料背面熨燙固定。

● 使用緞帶製作

車縫固定

緞帶兩端車縫固定。避免脫落可以疏縫或黏著襯條貼合。可以直接洗滌。

布面用雙面膠帶貼合

緞帶背面貼上布面用雙面膠帶貼合。但因為膠帶有點厚，也不能洗滌。

< 製作單一圖案 >

● 布用專用筆描繪

簡單就可以描繪出喜歡的圖案，但無法混色。

● 剪貼

背面附有黏膠的合成皮貼紙，裁剪下即可貼上。較細緻的圖案請使用剪刀裁剪。

● 不會綻線的素材

布端不易綻線不織布、合成皮、光澤布等製作圖案。使用布用專用黏膠可簡單貼上，也可車縫周圍固定。

★ 製作彩色圖案

< 模版印染製作 >

模版印染製作圖案，一色一色慢慢上色。

< 印花製作 >

在電腦上製作複雜的圖案後，使用家庭印表機將圖案複寫至熨燙貼紙上。有白色‧輕薄布使用等種類，購買時請注意。

< 製作漸層圖案 >

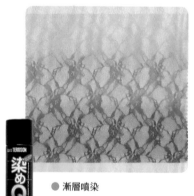

● 漸層噴染

噴漆重複交錯，製作漸層效果。
※依素材、或上色次數會改變布料的觸感。

● 染色漸層圖案

使用染粉沾水製作圖案、或熱水染色等。請根據自己布料選擇適當的染料。要上色的部分沾上染料，將布料掛起始其慢慢吸收，形成漸層效果。

 重點上色時

想將蕾絲添加一些顏色時，使用水性色筆上色，但是無法洗滌，請注意。

3 | 關於裝飾

服裝上常常會有很多裝飾品，以下介紹一些裝飾種類，
請依據服裝的設計和風格搭配使用。

★ 圓形和四角形裝飾

亮片

輕薄的塑膠片，光線照射
時會反光。

串珠

有珍珠、壓克力、玻璃等各
種素材。

壓克力裝飾

壓克力製透明樹脂裝飾，
背面附有鏡面會反光。

3D繪珠

壓克力顏料可以描繪出美
麗的球體。

釦子

金屬、木製、塑膠、貝殼等
各種不同素材。最大約0.5至
0.6cm左右，種類豐富。

金屬裝飾（釘）

後面附有角爪的金屬裝飾
品，四角、圓形、星形等。

包釦

塑膠釦以布片包住製作的
釦子，種類和形狀都很多
樣化。

★ 繩結裝飾

編緞帶

由兩條細繩編織而成。

江戶繩帶

由細繩組合而成的緞帶，適
合和風服裝。

塑膠透明繩

塑膠的透明繩，視覺系裝
扮特別適合。

流蘇

多條繩綁在一起製作而成
的流蘇。

中國編釦

將繩索組合製作成釦子，旗
袍等中國風服裝常常出現。

緞帶

光澤感的沙典布、華麗天
鵝絨緞帶等，種類多樣。

★ 線狀或緞帶裝飾

緞帶
素材或顏色種類豐富，很適合直線圖案裝飾。

編帶
金色、銀色等立體豪華緞帶，搭配蕾絲一起使用更加華麗。

流蘇帶
肩章等的裝飾品。

滾邊條
衣服邊端的滾邊裝飾。斜布紋裁剪，弧線滾邊也可以使用。

波浪緞帶
波浪狀緞帶，車縫時沿著中心直線縫製即可。

蕾絲帶
布料上刺繡後，將布料熔解加工完成的蕾絲緞帶。也可以裁剪局部使用。

滾邊帶
布料包夾車縫，作出表面線狀的設計。車縫時請使用單邊壓布腳。

＜ 滾邊條種類 ＞

● 手工藝店販賣的滾邊條

兩褶滾邊條
布端往內側摺疊緞帶。可以直接車縫裝飾、或處理布端用。對摺滾邊也可以使用。

滾邊條
兩褶帶再次對摺的緞帶。兩邊約0.1cm的差，布端滾邊時使用。

● COSPLAY服裝常常使用的滾邊縫製方法

領子或前端、袖口常有的設計

這裡 →

這裡 →

（背面）

（正面）

① 斜布紋緞帶摺疊寬度較短的對齊布端，車縫褶線。

（正面）

（背面）

② 斜布紋緞帶包捲布邊，摺疊時隱藏縫份。

（正面）

③ 從表面褶線邊緣車縫。裡側摺疊寬度比較寬，車縫起來較輕鬆。

★ 荷葉邊狀裝飾

棉蕾絲

棉布刺繡的蕾絲布。像梯子般的種類也有。

棉麻蕾絲

較粗的棉或麻繩編織而成的蕾絲。

網紗蕾絲

網紗上刺繡的柔軟蕾絲帶。

化學加工蕾絲

布料上刺繡後，化學加工溶解布料。高雅風格的蕾絲款式。

編織蕾絲

使用特殊編織機製作而成，輕薄有張力。

彈性蕾絲

具伸縮性，用在針織布或襪子等。

各種荷葉邊緞帶

荷葉波浪的緞帶等，有各種不同緞帶。

● 蕾絲縫製法

邊端車縫固定

❶ 蕾絲和布料正面相對疊合車縫。

❷ 蕾絲翻至正面，縫份倒向布側。從表面壓線。

重疊車縫

處理布端，蕾絲從正面重疊車縫。

★ 穿繩索裝飾

雞眼

布料表面開洞，補強的金屬釦。

穿繩緞帶

包夾至布料間，環狀露出表面。穿入緞帶完成。

★ 其他裝飾

其他為增添豪華感的各種裝飾品。

帶環

人造花

羽毛

胸章

善用原本市售的衣服，加以修改製作的單品。
非常適合初學者。

※以下介紹的材料都是參考商品。

★ 修改連帽運動外套 ［design&make］OKADAYA新宿本店 cosplay部

帽子上裝飾合成皮草、珠珠、亮片。
如向日葵般的陽光造型。

BEFORE

袖口
將人造瑪格麗特花的根莖取
下，留下花瓣以熱熔膠黏合
固定。

使用的材料

〈連帽外套〉
- 合成皮草
- 兔毛球
- 半球珍珠
- 鑽形亮片
- 多用途黏膠

〈裝飾〉
- 人造花（瑪格麗特）
- 附台夾子
- 熱熔槍

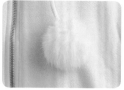

帽子和繩子
帽子邊緣以黏著劑貼上合
成毛皮，繩子上固定兔毛
球。毛茸茸連帽外套完
成。

口袋
口袋加上珠珠、亮片設
計。

領圍裝飾
將胸上肩帶部分裁剪，
接上合成皮草和網紗，
無袖小禮服完成。頸圍
皮草以魔鬼氈固定。旁
邊綁上可愛的網紗蝴蝶
結。

★ 修改連身裙 ［design&make］トシ

善用下襬荷葉邊，大膽剪掉肩帶，
展現偶像魅力。

BEFORE

使用的材料

- 背面沙典布
- 光澤網紗
- 合成皮草
- 魔鬼氈

全部
粗條直條紋般，由上到下貼
上背面沙典布。

領子和身片

裁剪領子，前片貼上中國結釦。剪掉袖子，袖襱以斜紋布滾邊。

★ 修改襯衫

[design&make] トシ

中國領設計，搭配無袖的中國風服裝

BEFORE

使用的材料

● 中國風繩（梅）
● 中國結釦（五葉形）
● 沙典斜布紋緞帶

袖口

袖口往內摺疊，使用安全別針固定改短的袖子。袖口同領圍一樣，使用雙面膠貼上緞帶。

★ 修改西裝外套和褲子

[design&make] OKADAYA新宿本店 cosplay部

增添一些華麗的裝飾小物，改造男性偶像帥氣造型。

BEFORE

肩膀和領子

配合肩形製作的四角肩章，裝上流蘇、刺繡、徽章等，軍風繩。領子邊緣搭配沙典帶和緞帶更顯華麗。

釦子

將原來的釦子改為金屬釦，在釦眼之間再縫上一顆。

脇邊

褲子脇邊附加緞帶裝飾。

使用的材料

〈西裝外套和褲子〉
● 沙典緞帶
● 緞帶
● 釦子
● 布用雙面膠帶

〈肩章〉
● 熨斗專用圖片
● 沙典緞帶
● 編緞帶
● 流蘇
● 圖案環

善用既有經驗&知識製作封面服裝

善用縫法、紙型修改、裝飾等，製作封面的可愛服裝。

★ 準備資料

這款！

挑戰封面畫的服裝，以裁縫魔法少女為靈感製作。

☑ 準備前面、側面、背面
資料設定。

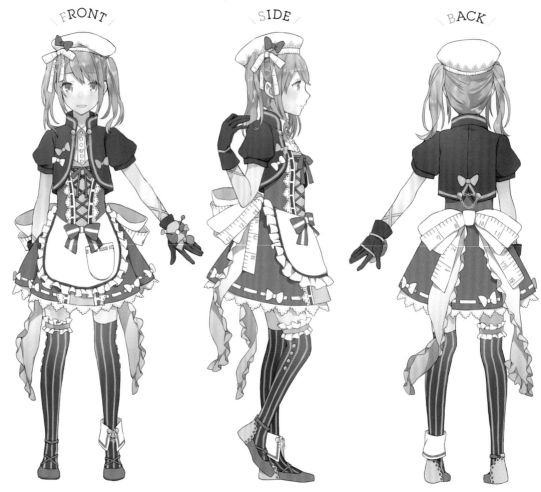

FRONT　　　　SIDE　　　　BACK

★ 製作紙型

✓ 依照所有資料參考製作紙型

< 外罩衫 >

修改**19**學生制服（拉鍊）款式。變更前開襟位置，袖子改為短燈籠袖。

< 腰封 >

修改**10**馬甲胸衣紙型，前片製作剪接片。

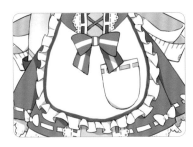

< 圍裙 >

搭配裙子大小斟酌描繪所需要的荷葉分量，調整整體比例。

< 裙子 >

使用**7**的270°圓裙紙型。

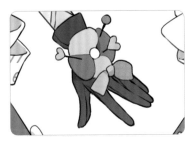

< 手套 >

使用**23**手套紙型。修改長度即可。

< 貝蕾帽 >

使用**21**貝蕾帽紙型。

★ 確認材料

✓ 確定使用的布料時，請參考P.10使用量。若還沒確定，以布寬110cm來計算。

✓ 將需要購買的材料寫下，在材料店購買時才不會遺漏。

這次使用的材料 ※介紹的全為參考商品。

如果別的單品也使用同一種布料，請各自計算所需分量。以方便購買。

〈腰封〉
● 沙典布
● 光澤沙典布
● 絲光卡其布（作為內襯用）
● 梯形蕾絲
● 棉蕾絲
● 平織緞帶
● 沙典緞帶
● 黏著襯

〈裙子〉
● 沙典布
● 平織緞帶
● 棉蕾絲

〈貝蕾帽〉
● 合成皮革
● 棉麻蕾絲
● 棉沙典
● 黏著襯

〈圍裙〉
● 棉沙典
● ECO染料
● 布用壓克力顏料

〈外罩衫〉
● 化纖嘎別丁
● 黏著襯
● 釦子
● 緞帶

〈手套〉
● one way沙典布

〈鞋子〉
● 市販品
● 染料Q

〈緊身襪〉
● 市販品
● 丹寧染料Q
● 釦子

※一部分裝飾材料省略

★ 探訪手工材料店尋找材料 ☑ 探訪手工材料店尋找製作衣服需要的材料。

COSPLAY服裝專門賣場！

約50萬種種類＆專門店
店員推薦購買路線

OKADAYA新宿本店

住所：東京都新宿區新宿3-23-17
TEL： 03-3352-5411
營業時間：10:00至20:30
定休日：不定休（HP記載）
地點：新宿車站徒步3分鐘

OKADAYA新宿本店（布料館）

服飾館旁邊有入口通往布料館，1至5樓販賣各種種類的布料。

2F
各種色彩鮮豔的沙典布和網紗布、也有進口布料。

4F
合成皮、縮緬布、金瀾布等種類豐富，是東京最有名的賣場。

5F
天鵝絨或皮草等，是只有這裡才有的特別素材。

> 1樓是棉布館、
> 3樓為化纖布料與點著襯。

OKADAYA新宿本店（服飾館）

服飾館分A和B棟，除了副料、用具、化妝用品等很齊全。

2F
COSPLAY達人絕對不可或缺的舞台化妝、特殊化妝用品。

3F·B
小工具、飾品、羽毛、人造花等各種種類。

6F·B
新宿縫紉機賣場。縫紉機、附屬品、修理服務等均有。

> 彩色隱形眼鏡、
> 彩色睫毛膏等

> 有疑問時   OKADAYA新宿本店COSPLAY部

專門店店員的報告書

對OKADAYA新宿本店COSPLAY很有研究的店員們組成的COSPLAY部，只要看胸前有別著徽章的店員，都可以上前詢問。

這個標誌！

有用情報

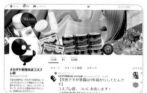

OKADAYA新宿本店COSPLAY部
@okadayaCOSPLAY

有關服裝製作新商品情報，或推薦材料、使用方法等均有介紹。

還有舉辦各種疑問的活動

不定期舉辦疑問商談會、化妝、造型等研習會。提供如何選擇店裡的布料、作法等關於COSPLAY服裝的參考建議。

準備封面服裝的所有材料
首先前往布料館

1　根據設計圖尋找布料

這款
OK嗎？

攜帶資料和重點筆記尋找布料。確認觸感、厚度。也可以使用手機拍照確認顏色，拍照前需先取得店員的同意。

2　找到布料後前往裁剪台

需要多少？

除了零碼布，一般最少需購買10cm。將布料放置裁剪台上，告訴店員需要的尺寸。如果怕失敗可以多購買一些分量。

3　依照布料選擇黏著襯

保持硬挺形狀，
需選擇厚黏著襯。

購買布料後，選擇黏著襯。外罩衫領子，請選擇輕薄至中厚的黏著襯。搭配布料選擇適合的黏著襯顏色。如果只有黑白兩色，淡色選擇白色黏著襯，深色選擇黑色黏著襯。

服飾館

4　搭配布料選擇縫線

從5000種縫線中選擇自己需要的顏色，可以使用樣品布確認。

▲ 顏色難以選擇時，
請選擇較深的顏色。

5　不要忘了緞帶和蕾絲

釦子約有3萬種，緞帶和蕾絲約有7千種。光是逛就讓人趣味十足。請參考P.4副料選擇方法。

▲
緞帶和蕾絲
緞帶和蕾絲一般最少需購買10cm，鈕釦或珠珠就可購買單個。

6　購買染料

緞帶漸層效果使用セタカラー。鞋子或襪子則購買染めQ，一隻鞋約使用一瓶左右，如果不知道該買多少可以請教店員。

購買齊全後
開始製作！

★ 封面服裝的構成解說

[make] OKADAYA新宿本店COSPLAY部

☑ 使用製作的紙型和準備的材料完成封面的服裝。
各服裝的構成解說。

腰封

縫上緞帶、棉蕾絲裝飾後，從縫線表面重疊梯形蕾絲穿過緞帶。腰部蝴蝶結有放置棉襯，給人蓬鬆可愛的印象。

帽子

使用合成皮革布。故意選擇和外罩衫、腰封不一樣材質的合成皮革。依據素材的選擇可以增添不一樣的可能性，這就是製作服裝最有趣之處。

蝴蝶結

量尺圖案是模版印染製作而成。使用染料製作漸層蝴蝶結下襬。棉素材的染色性非常優越。

外罩衫

化纖嘎別丁有恰好的張力，製作蓬鬆的燈籠袖。從領子到下襬搭配金色緞帶。

圍裙

邊緣布端三摺邊，抽拉細褶車縫。表面以黏著襯條貼上平織緞帶。

手套

以沙典布製作手套。使用腰封、裙子的布料製作針插。手臂裝飾則裁剪細條針織布以雙面膠貼上。

裙子

下襬車縫棉蕾絲一圈。以黏著襯條貼合剪短的平織緞帶，展現可愛裝飾線風。使用熨斗馬上可以貼合。

鞋子和襪子

市售的襪子貼上紙膠帶，再以噴漆製作條紋圖案。右腿的荷葉邊後側附有鬆緊帶方便穿脫。原米色的鞋子噴漆改變顏色。

HOW TO MAKE

★ 關於材料和裁布圖

● 除指定處之外,縫份皆為1cm。

● 裁布圖以M尺寸為基礎製作。

　依據布料製作不同的尺寸時,有時會有些許差異。

　請務必對齊紙型再行確認。

● 部分可直線裁剪未附紙型。

● 請參考製圖記載的尺寸,直接在布料上裁剪。

● 將本書附錄紙型描繪下來使用。

★ 關於尺寸

製作頁面的完成尺寸衣長,由SNP(肩頸點)到下襬的長度。褲子和裙子均有包含腰帶長度。

★ 縫紉用語

合印記號
避免兩片布料移位的記號。

止縫點
為了便利穿脫的開叉止縫點位置。

縮縫
讓平面袖山處變成立體。

黏著襯條
腰帶的襯,大多以熨燙貼合固定。

落針縫
縫線不想太顯眼,於縫線處車縫。

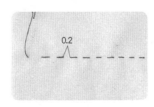

平針縫
約間隔0.2cm手縫。

尖褶
為了立體,抓起布料車縫。

完成線
描繪服裝完成線。

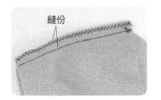

縫份
對齊車縫時需要的寬度。

止伸襯布條
防止布料伸長的織帶,也可以黏著襯代替。

往內側錯開
領子邊緣。表面為了不顯現縫線,往內側布錯開0.1cm左右。

摺雙
布料對摺的摺線處。

關於縫紉的重點

關於針織布・皮草等車縫方法或拉鍊等，介紹各種有用的技巧。

★ 針織布車縫方法

< 必要工具 >

針織布用車縫針
針織布專用縫針，圓形針頭不會損傷編織的毛線。

均勻壓布腳
將布料往內側送的壓布腳，請搭配縫紉機適合的產品。

< 針織布重點 >

彈性

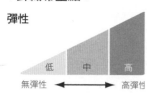

低　中　高
無彈性 ←→ 高彈性

針織布伸縮率又稱為彈性。彈性大伸縮性強，彈性小伸縮性低。

< 縫線 >

直線車縫

● 使用縫線

針織布用縫線

針織布因為有彈性，一般的直線車縫非常困難，上下線可改用彈性縫線車縫。

伸縮車縫

三重車縫

3點Z字形車縫

● 使用縫線

普通車縫線

這三種縫線均為針織布專用縫線，可以隨針織布伸縮，並且使用一般的車縫線即可。

★ 亮片素材的車縫方法

< 推薦工具 >

專用車縫針

潤滑劑

< 重點 >

①車縫黏著在布料上亮片布料，縫針會沾上黏膠。為了避免請使用專用縫針。針需塗上潤滑劑，如果還是沾黏，請更換縫針。

②直接車縫亮片會損害亮片本身。一旦破壞就無法復原，車縫前先將車縫處的亮片取下，等車縫完成後再手縫或黏膠貼合。

★ 皮草素材的車縫方法

< 裁剪 >

美工刀沿著裁剪線，作為裁剪的基本線。沿著基底布使用布剪裁剪，將皮草損害度降到最低。

< 車縫方法 >

以錐子將縫份外側皮草壓進內側。請使用粗針目車縫。翻至正面時如果縫份藏在底下，請以錐子取出。

★ 關於拉鍊

< 部位名稱 >

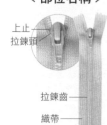

上止
拉鍊頭
拉鍊齒
織帶
下止

< 長度調整 >

※金屬或塑膠拉鍊。但是塑膠拉鍊一旦取下上止，會無法再次利用，需再準備一個。

①以老虎鉗取下上止，稍後才需使用。

②請配合需要的長度，剪下底部鋸齒並取下來。

裁剪

完全密合

③平行插入上止完全密合後，以老虎鉗壓緊固定。

★ 關於手縫

藏針縫

（背面）
（正面）

從表面看起來縫線不會太明顯。

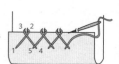

千鳥縫

縫線交叉縫法。

長袖連身裙 P.16

＜原寸紙型＞ ①面

前身片・前脇片・後身片・後脇片・袖子・前貼邊・後貼邊。

....

＜完成尺寸＞（從左至右為 S/M/L/LL）

胸圍　80／83／89／92cm
腰圍　63.5／66.5／72.5／75.5cm
身長　110／111.5／113／114.5cm

＜材料＞

● 塔夫綢 寬122cm×390/400/420/430cm
　＊寬150cm裁剪 300/310/320/330cm
● 黏著襯 60×20cm
● 隱形拉鍊 長56cm 1條
● 鉤釦 1組

裁布圖

塔夫綢

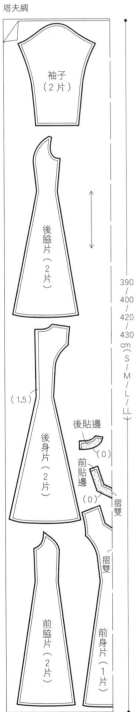

袖子
（2片）

後脇片
（2片）

（1.5）

後身片
（2片）

後貼邊
（0）

前貼邊
（0）

摺雙

摺雙

前脇片
（2片）

前身片
（1片）

390
400
420
430
cm
（S／M／L／LL）

122cm 寬

車縫順序　＊製作方法參考 P.25 至 P.27

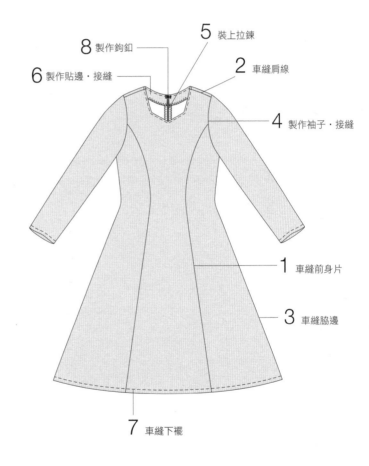

5 裝上拉鍊

8 製作鉤釦

6 製作貼邊・接縫

2 車縫肩線

4 製作袖子・接縫

1 車縫前身片

3 車縫脇邊

7 車縫下襬

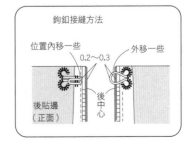

鉤釦接縫方法

位置內移一些
0.2～0.3

外移一些

後貼邊
（正面）

後中心

＊（　）中的數字為縫份。除指定處之外，縫份皆為 1cm。

＊在 ▨ 貼上黏著襯。

＜原寸紙型＞ ①面

前身片・前脇片・後身片・後脇片・前貼邊・後貼邊。

＜材料＞

● 緞面沙典布寬148cm×230/230/250/250cm
   ＊ 寬110cm裁剪290/290/300/320cm
● 黏著襯 90×40cm
● 隱形拉鍊 長56cm 1條
● 鉤釦 1組

＜完成尺寸＞(從左至右為 S/M/L/LL)

胸圍 80 ／ 83 ／ 86 ／ 92cm
腰圍 63.5 ／ 66.5 ／ 72.5 ／ 75.5cm
身長 89.5 ／ 91 ／ 93 ／ 94.5cm

裁布圖

緞面沙典布

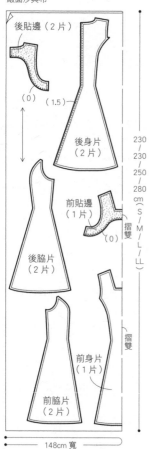

後貼邊（2片）
（0）　（1.5）
後身片（2片）
前貼邊（1片）
（0）摺雙
後脇片（2片）
230／230／250／280 cm（S／M／L／LL）
摺雙
前身片（1片）
前脇片（2片）
← 148cm 寬 →

＊（ ）中的數字為縫份。除指定處之外，縫份皆為 1cm。
＊在 ▨▨ 貼上黏著襯。
＊ ～～～ 部分進行Z字形車縫。

車縫順序

1 參考裁布圖裁剪。
　依指定位置貼上黏著襯，縫份進行Z字形車縫。

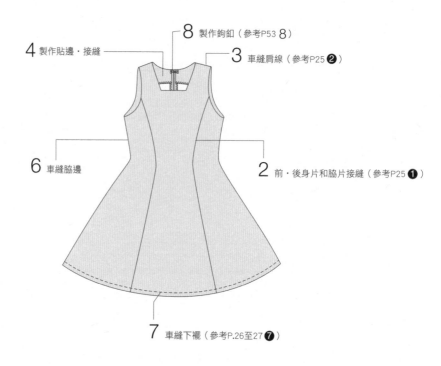

8 製作鉤釦（參考P53 **8**）
4 製作貼邊・接縫
3 車縫肩線（參考P25 **❷**）
6 車縫脇邊
2 前・後身片和脇片接縫（參考P25 **❶**）
7 車縫下襬（參考P.26至27 **❼**）

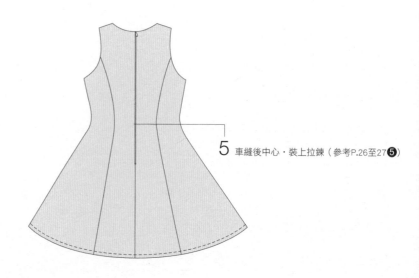

5 車縫後中心・裝上拉鍊（參考P.26至27 **❺**）

4 製作貼邊・接縫

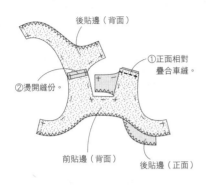

②燙開縫份。

①正面相對疊合車縫。

後貼邊（背面）

前貼邊（背面）　後貼邊（正面）

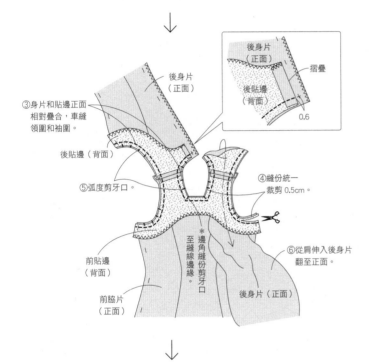

③身片和貼邊正面相對疊合，車縫領圍和袖圍。

後身片（正面）

後貼邊（背面）

後身片（正面）

後貼邊（背面）　摺疊

0.6

⑤弧度剪牙口。

④縫份統一裁剪0.5cm。

＊邊角縫份剪牙口至縫線邊緣。

前貼邊（背面）

前脇片（正面）

⑥從肩伸入後身片翻至正面。

後身片（正面）

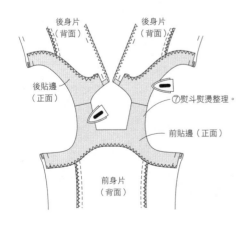

後身片（背面）　後身片（背面）

後貼邊（正面）

⑦熨斗熨燙整理。

前貼邊（正面）

前身片（背面）

5 車縫後中心，裝上拉錬。（參考P.26至P.27 ❺）

①拉錬上端往內側摺疊。

隱形拉錬（背面）

後貼邊（背面）

後身片（背面）

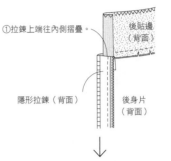

②貼邊反摺熨燙整理，藏針縫至拉錬織帶。

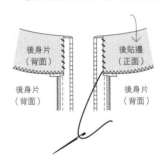

後身片（背面）　後貼邊（正面）

後身片（背面）　後身片（背面）

6 車縫脇邊

＊從貼邊連續接縫

後貼邊（正面）　前貼邊（正面）

①正面相對疊合車縫。

②縫份兩片一起進行Z字形車縫。倒向後側。

後脇片（背面）　前脇片（背面）　前身片（背面）

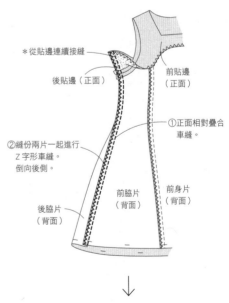

③避免貼邊浮起，袖襱藏針縫。

前貼邊（正面）

後身片（背面）　後脇片（背面）　前脇片（背面）　前身片（背面）

脇邊

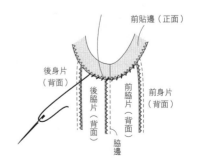

3 燈籠袖連身裙 P.17

＜原寸紙型＞ ①面

前身片・前脇片・後身片・後脇片・前裙片・脇裙片・
後裙片・外袖・內袖・袖口布・領子。

＜完成尺寸＞（從左至右為 S/M/L/LL）

胸圍 80 ／ 83 ／ 86 ／ 92cm
腰圍 63.5 ／ 66.5 ／ 72.5 ／ 75.5cm
身長 90 ／ 92 ／ 93.5 ／ 95cm

＜材料＞

- 背面沙典布寬112cm×340/350/370/380cm
  ＊ 寬150cm裁剪300/310/330/340cm
- 黏著襯 90×30cm
- 隱形拉鍊 長56cm 1條
- 鉤釦 1組

裁布圖

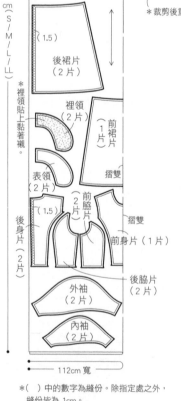

背面沙典布

脇裙片（1片）
脇邊　後

袖口布（1片）

袖口布（1片）
※左右相反

約 157　15

蝴蝶結

脇裙片（1片）
※左右相反
後　前
＊斜布紋裁剪

＊裁剪後重新摺疊

（1.5）
後裙片（2片）

裡領（2片）

前裙片（1片）
摺雙

表領（2片）

＊裡領貼上黏著襯。

（1.5）
前脇片（2片）
摺雙

前身片（1片）

後身片（2片）

後脇片（2片）

外袖（2片）

內袖（2片）

112cm 寬

＊（ ）中的數字為縫份。除指定處之外，
　縫份皆為 1cm。
＊ 在 █████ 貼上黏著襯。
＊ wwww部分進行Z字形車縫。
＊蝴蝶結裁剪方法參考裁布圖。

13　製作蝴蝶結

0.5　0.5
蝴蝶結（背面）
0.5
0.1
0.5

四邊進行三摺邊車縫

車縫順序

1 參考裁布圖裁剪。
　依指定位置貼上黏著襯，縫份進行Z字形車縫。

7 接縫袖子

11 製作領子・接縫

12 製作鉤釦（參考P.53 ❽）

5 製作袖子

3 車縫肩線
（參考P.25 ❷）

6 製作袖口布・接縫

2 前後身片和脇片接縫
（參考P.25 ❶）

4 車縫脇邊
（參考P.25 ❸）

8 製作裙片・接縫身片

前

後

避免領子浮起
（接縫 1cm 左右環線固定）

9 車縫後中心・裝上拉鍊
（參考P.26至27 ❺）

10 車縫下襬（參考P.26至27 ❼）

56

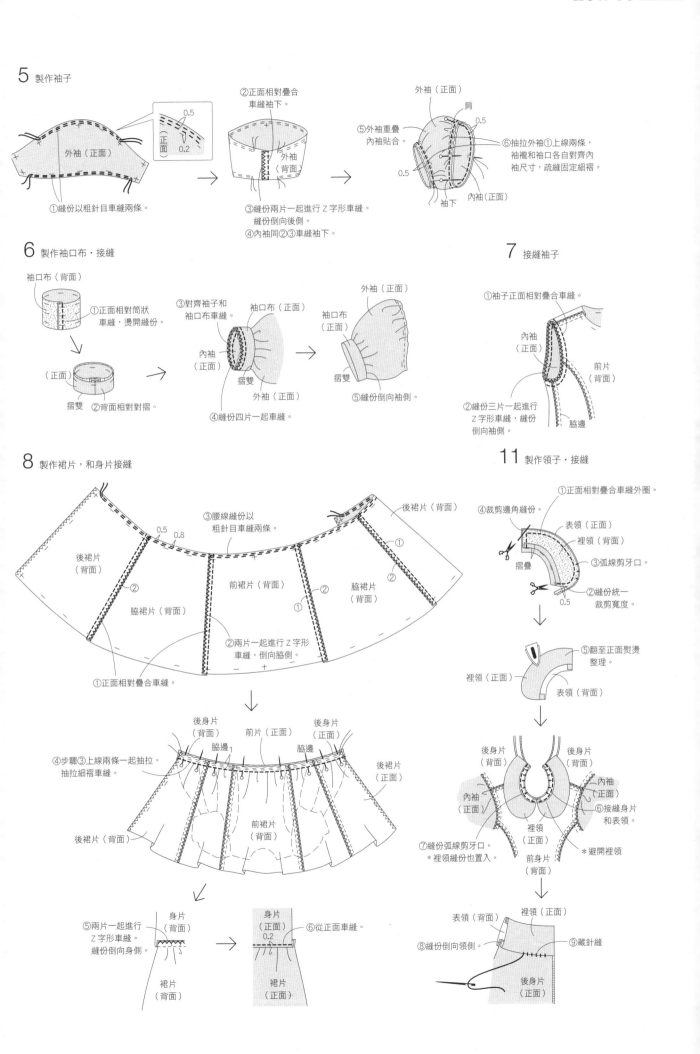

5 製作袖子

①縫份以粗針目車縫兩條。

0.5
（正面）
0.2

②正面相對疊合車縫袖下。

③縫份兩片一起進行Z字形車縫。
縫份倒向後側。
④內袖同②③車縫袖下。

外袖（正面）
肩
0.5
⑤外袖重疊內袖貼合。
0.5
⑥抽拉外袖①上線兩條，袖襱和袖口各自對齊內袖尺寸，疏縫固定細褶。
袖下
內袖（正面）

6 製作袖口布・接縫

袖口布（背面）
①正面相對筒狀車縫，燙開縫份。
（正面）
摺雙
②背面相對對摺。

③對齊袖子和袖口布車縫。
內袖（正面）
摺雙
外袖（正面）
④縫份四片一起車縫。

外袖（正面）
袖口布（正面）
袖口布（正面）
⑤縫份倒向袖側。

7 接縫袖子

①袖子正面相對疊合車縫。
內袖（正面）
前片（背面）
②縫份三片一起進行Z字形車縫，縫份倒向袖側。
脇邊

8 製作裙片，和身片接縫

③腰線縫份以粗針目車縫兩條。
後裙片（背面）
0.5 0.8
後裙片（背面）
①
②
前裙片（背面）
②
①
脇裙片（背面）
②
脇裙片（背面）
②兩片一起進行Z字形車縫，倒向脇側。
①正面相對疊合車縫。

④步驟③上線兩條一起抽拉。抽拉細褶車縫。
後身片（背面）
脇邊
前片（正面）
脇邊
後身片（正面）
後裙片（正面）
後裙片（背面）
前裙片（背面）

⑤兩片一起進行Z字形車縫。縫份倒向身側。
身片（背面）
裙片（背面）

身片（正面）
0.2
⑥從正面車縫。

11 製作領子・接縫

①正面相對疊合車縫外圈。
④裁剪邊角縫份。
表領（正面）
裡領（背面）
③弧線剪牙口。
摺疊
②縫份統一裁剪寬度。
0.5

⑤翻至正面熨燙整理。
裡領（正面）
表領（背面）

後身片（背面）
後身片（背面）
內袖（正面）
內袖（正面）
⑥接縫身片和表領。
裡領（正面）
前身片（背面）
＊避開裡領
⑦縫份弧線剪牙口。
＊裡領縫份也置入。

表領（背面）
裡領（正面）
⑧縫份倒向領側。
⑨藏針縫
後身片（正面）

<原寸紙型> ②面
前裙片・後裙片・腰帶。

<材料>
- 沙典布寬112cm×105/125/135/145cm
  * 寬150cm裁剪80/90/100/110cm
- 腰襯寬3cm（黏著襯）80/90/100/110cm
- 隱形拉鍊 長22cm 1條
- 鉤釦 1組

<完成尺寸> (從左至右為 S/M/L/LL)
腰圍　62 ／ 65 ／ 71 ／ 74cm
裙長　40 ／ 41 ／ 42 ／ 43cm

裁布圖

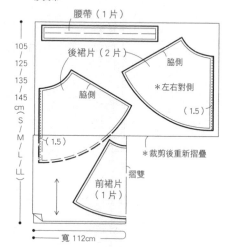

沙典布

腰帶（1片）

後裙片（2片）

脇側

脇側

＊左右對側

(1.5)

(1.5)

摺雙

前裙片（1片）

＊裁剪後重新摺疊

105 / 125 / 135 / 145 cm (S / M / L / LL)

寬 112cm

＊（ ）中的數字為縫份。除指定處之外，縫份皆為 1cm。
＊ ～～ 部分進行 Z 字形車縫。

車縫順序

1 參考裁布圖裁剪。
　依指定位置貼上黏著襯，縫份進行Z字形車縫。

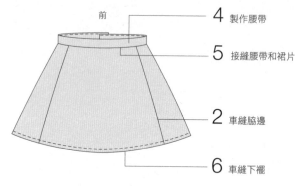

前

4 製作腰帶

5 接縫腰帶和裙片

2 車縫脇邊

6 車縫下襬

7 裝上鉤釦

後

3 車縫後中心・接縫拉鍊

2 車縫脇邊

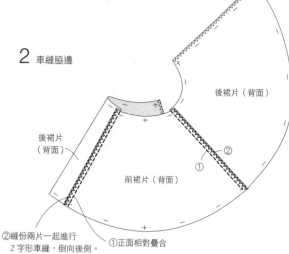

後裙片（背面）

後裙片（背面）

前裙片（背面）

②

①

②縫份兩片一起進行
　Z字形車縫，倒向後側。

①正面相對疊合

---

4 製作腰帶

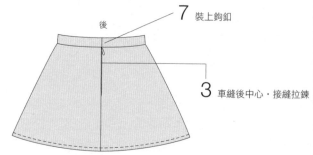

表腰帶（背面）

持出

①腰帶襯重疊至裡腰帶側貼合。

黏著面
裡腰帶（背面）

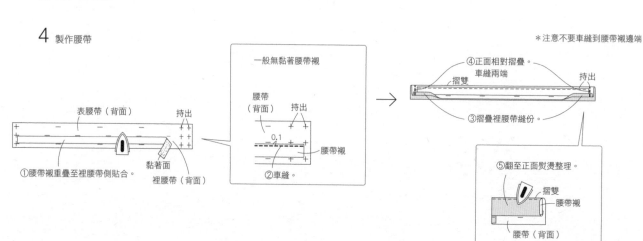

一般無黏著腰帶襯

腰帶（背面）

持出

0.1

腰帶襯

②車縫。

＊注意不要車縫到腰帶襯邊端

④正面相對摺疊。
車縫兩端

摺雙

持出

③摺疊裡腰帶縫份。

⑤翻至正面熨燙整理。

摺雙

腰帶襯

腰帶（背面）

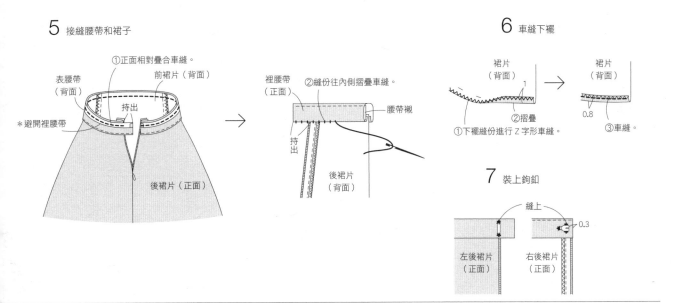

5 接縫腰帶和裙子

①正面相對疊合車縫。
表腰帶（背面）
前裙片（背面）
持出
＊避開裡腰帶
後裙片（正面）

裡腰帶（正面）
②縫份往內側摺疊車縫。
腰帶襯
持出
後裙片（背面）

6 車縫下襬

裙片（背面）
1
②摺疊
①下襬縫份進行Z字形車縫。

裙片（背面）
0.8
③車縫。

7 裝上鉤釦

縫上
0.3
左後裙片（正面）
右後裙片（正面）

---

⑨ 360°＋細褶裙 P.21

＜原寸紙型＞ ③面
前裙片・後裙片・腰帶。

....

＜完成尺寸＞（從左至右為 S/M/L/LL）
腰圍　62／65／71／74cm
裙長　40／41／42／43cm

＜材料＞
● 沙典布寬112cm×210/220/220/270cm
　＊LL尺寸請橫布紋裁剪
● 寬150cm175/180/190/200cm
● 腰襯寬3cm（黏著襯）65/68/74/77cm
● 隱形拉鍊　長22cm　1條
● 鉤釦　1組

裁布圖

沙典布

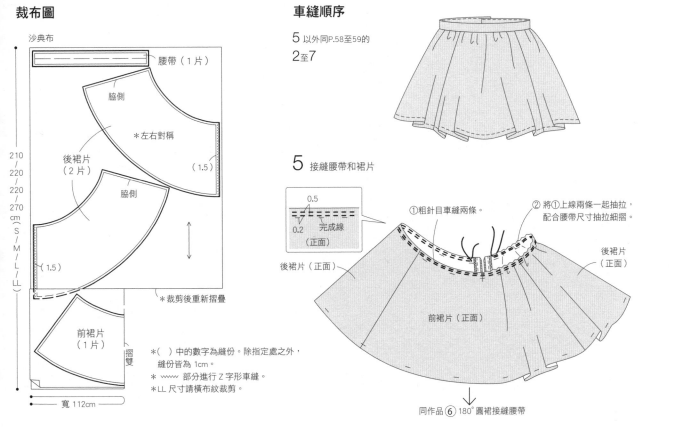

腰帶（1片）
脇側
＊左右對稱
後裙片（2片）
脇側
（1.5）
（1.5）
210
220
220
270
cm
（S
／
M
／
L
／
LL
）
前裙片（1片）
摺雙
＊裁剪後重新摺疊
寬112cm

＊（　）中的數字為縫份。除指定處之外，縫份皆為1cm。
＊ ～～～ 部分進行Z字形車縫。
＊LL尺寸請橫布紋裁剪。

車縫順序

5 以外同P.58至59的
2至7

5 接縫腰帶和裙片

0.5
0.2　完成線（正面）

①粗針目車縫兩條。
②將①上線兩條一起抽拉，配合腰帶尺寸抽拉細褶。
後裙片（正面）
後裙片（正面）
前裙片（正面）

↓
同作品⑥180°圓裙接縫腰帶

7 270°圓裙 P.20

<原寸紙型> ②面
前裙片・後裙片・腰帶。

<材料>
● 沙典布寬112cm×130/140/160/170cm
　＊寬150cm裁剪90/100/100/110cm
● 腰襯寬3cm（黏著襯）65/68/74/77cm
● 隱形拉鍊　長22cm　1條
● 鉤釦　1組

<完成尺寸>（從左至右為 S/M/L/LL）
腰圍　62／65／71／74cm
裙長　40／41／42／43cm

裁布圖

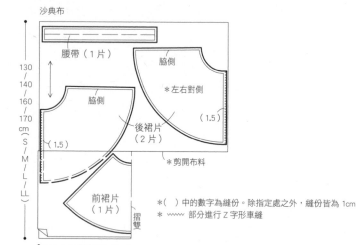

沙典布

腰帶（1片）

脇側
＊左右對側
（1.5）

脇側

後裙片
（2片）

（1.5）

＊剪開布料

前裙片
（1片）

摺雙

130
／
140
／
160
／
170
cm
（S
／
M
／
L
／
LL
）

寬 112cm

＊（ ）中的數字為縫份。除指定處之外，縫份皆為 1cm
＊ ～～ 部分進行 Z 字形車縫

車縫順序

＊參考P.58至59　1至7

---

8 360°圓裙 P.21

<原寸紙型> ②面
前裙片・後裙片・腰帶。

<材料>
● 沙典布寬112cm×140/140/150/180cm
　＊寬150cm裁剪120/130/140/150cm
● 腰襯寬3cm（黏著襯）65/68/74/77cm
● 隱形拉鍊　長22cm　1條
● 鉤釦　1組

<完成尺寸>（從左至右為 S/M/L/LL）
腰圍　62／65／71／74cm
裙長　40／41／42／43cm

裁布圖

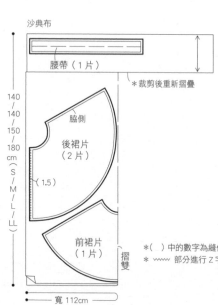

沙典布

腰帶（1片）

＊裁剪後重新摺疊

脇側

後裙片
（2片）

（1.5）

前裙片
（1片）

摺雙

140
／
140
／
150
／
180
cm
（S
／
M
／
L
／
LL
）

寬 112cm

＊（ ）中的數字為縫份。除指定處之外，縫份皆為 1cm。
＊ ～～ 部分進行 Z 字形車縫。

車縫順序

＊參考P.58至59　1至7

4 箱型百褶裙 P.18

<材料>

● 斜紋布（黑）寬110cm×160/160/165/170cm
● 格紋布（格紋）寬112cm×120cm（各尺寸共通）
● 黑色・格紋布 寬150cm裁剪長度一樣
● 黏著襯5×30cm
● 隱形拉鍊 長56cm 1條
● 綁帶繩 14cm（繩環6個）
寬0.6cm 緞帶

<原寸紙型> ①面

前・脇裙片・後裙片・內摺布・表腰帶・表中央腰帶・
裡腰帶。

<完成尺寸>（從左至右為 S/M/L/LL）

腰圍 63／66／72／75cm
裙長 46／47／48／49cm

裁布圖

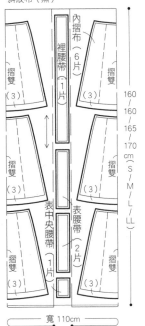

斜紋布（黑）

內摺布（6片）
裡腰帶（1片）
摺雙（3）
摺雙（3）
摺雙（3）
摺雙（3）
表中央腰帶（1片）
表腰帶（2片）
摺雙（3）
摺雙（3）

160/160/165/170cm（S/M/L/LL）

寬 110cm

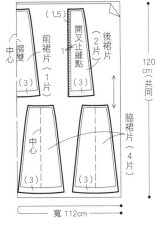

格紋布（格紋）

前裙片（1片）
中心 摺雙（3）
開叉止縫點（1.5）
後裙片（2片）（3）

120cm（共通）

中心
脇裙片（4片）（3）（3）

寬 112cm

*（ ）中的數字為縫份。除指定處之外，
  縫份皆為 1cm。
*在▨▨貼上黏著襯。
* ～～～ 部分進行 Z 字形車縫。
*無指定處數字，單位皆為 cm。
*裙片的脇邊需對齊圖案排放紙型。

車縫順序

1 參考裁布圖裁剪
  依指定位置貼上黏著襯，縫份進行Z字形車縫

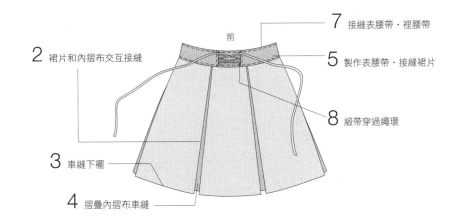

前

7 接縫表腰帶・裡腰帶
5 製作表腰帶・接縫裙片
8 緞帶穿過繩環

2 裙片和內摺布交互接縫

3 車縫下襬

4 摺疊內摺布車縫

後

6 車縫後中心・接縫拉鍊

2 裙片和內摺布交互接縫

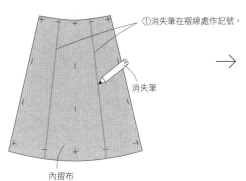

①消失筆在褶線處作記號。
消失筆
內摺布

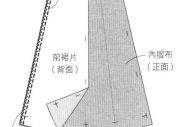

②正面相對疊合車縫。
前裙片（背面）
內摺布（正面）
③縫份兩片一起進行 Z 字形車縫，倒向裙側。

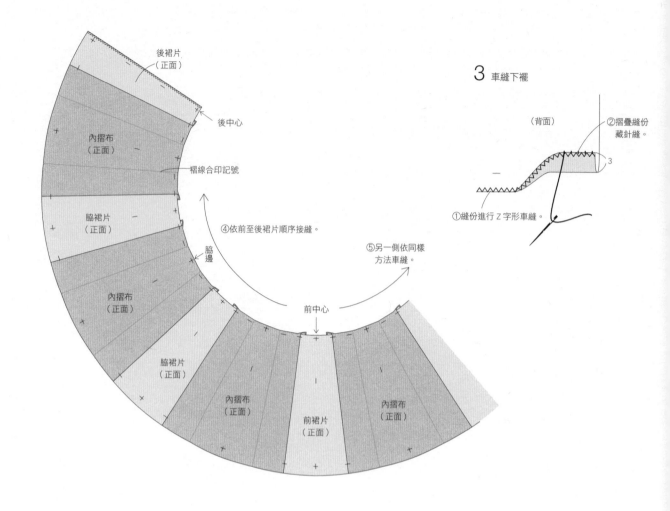

後裙片（正面）

後中心

內摺布（正面）

褶線合印記號

脇裙片（正面）

脇邊

④依前至後裙片順序接縫。

⑤另一側依同樣方法車縫。

內摺布（正面）

前中心

脇裙片（正面）

內摺布（正面）

前裙片（正面）

內摺布（正面）

3 車縫下襬

（背面）

②摺疊縫份藏針縫。

3

①縫份進行Z字形車縫。

4 摺疊內摺布車縫

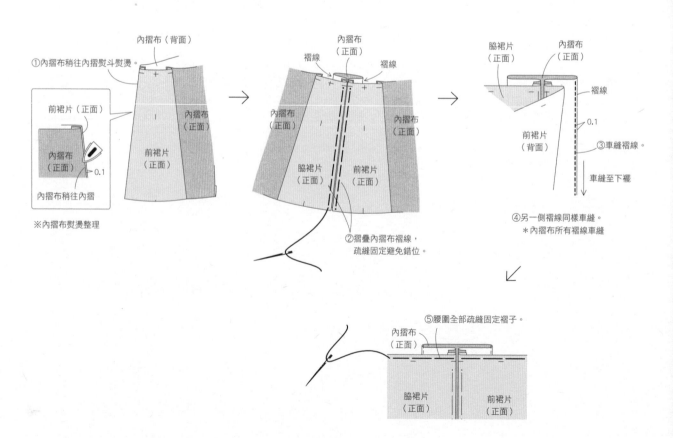

①內摺布稍往內摺熨斗熨燙。

內摺布（背面）

前裙片（正面）

內摺布（正面）

0.1

內摺布稍往內摺

※內摺布熨燙整理

內摺布（正面）

褶線

內摺布（正面）

褶線

內摺布（正面）

脇裙片（正面）

前裙片（正面）

②摺疊內摺布褶線，疏縫固定避免錯位。

脇裙片（正面）

內摺布（正面）

褶線

前裙片（背面）

0.1

③車縫褶線

車縫至下襬

④另一側褶線同樣車縫。

＊內摺布所有褶線車縫

⑤腰圍全部疏縫固定褶子。

內摺布（正面）

脇裙片（正面）

前裙片（正面）

5 製作表腰帶，接縫裙片

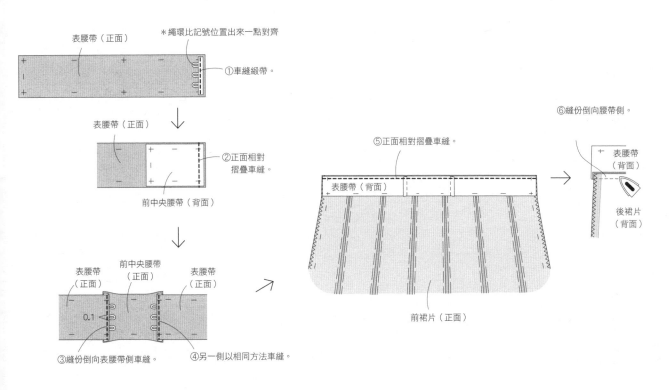

表腰帶（正面）

＊繩環比記號位置出來一點對齊

①車縫緞帶。

表腰帶（正面）

②正面相對摺疊車縫。

前中央腰帶（背面）

表腰帶（正面）　前中央腰帶（正面）　表腰帶（正面）

0.1

③縫份倒向表腰帶側車縫。　④另一側以相同方法車縫。

⑤正面相對摺疊車縫。

⑥縫份倒向腰帶側。

表腰帶（背面）

表腰帶（背面）

後裙片（背面）

前裙片（正面）

6 車縫後中心・裝上拉鍊

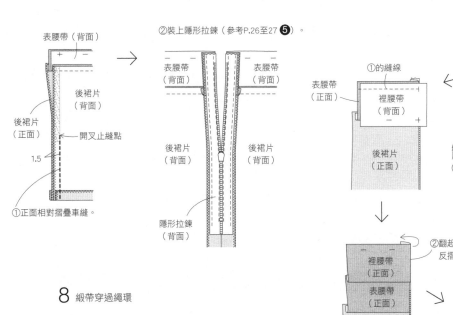

表腰帶（背面）

後裙片（背面）

後裙片（正面）

開叉止縫點

1.5

①正面相對摺疊車縫。

②裝上隱形拉鍊（參考P.26至27 ❺）。

表腰帶（背面）　表腰帶（背面）

後裙片（背面）　後裙片（背面）

隱形拉鍊（背面）

7 接縫表腰帶和裡腰帶

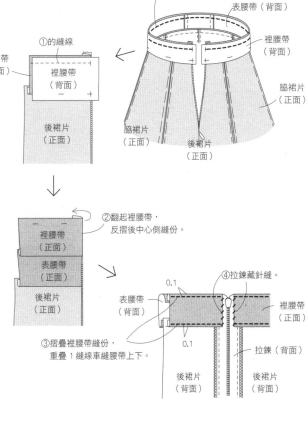

①正面相對摺疊車縫。

表腰帶（背面）

裡腰帶（背面）

脇裙片（正面）

脇裙片（正面）

後裙片（正面）

①的縫線

表腰帶（正面）

裡腰帶（背面）

後裙片（正面）

②翻起裡腰帶，反摺後中心側縫份。

裡腰帶（正面）

表腰帶（正面）

後裙片（正面）

③摺疊裡腰帶縫份，重疊１縫線車縫腰帶上下。

④拉鍊藏針縫。

0.1

表腰帶（背面）

裡腰帶（正面）

0.1

拉鍊（背面）

後裙片（背面）　後裙片（背面）

8 緞帶穿過繩環

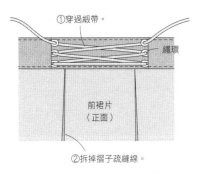

①穿過緞帶。

繩環

前裙片（正面）

②拆掉摺子疏縫線。

5 細褶百褶裙 P.19

＜原寸紙型＞ ②面
前裙片・後裙片・腰帶。

＜完成尺寸＞（從左至右為 S/M/L/LL）
腰圍　63 ／ 66 ／ 72 ／ 75cm
裙長　44 ／ 45 ／ 46 ／ 47cm

＜材料＞
- T/C軋別丁 寬110cm×115/120/135/135cm
  * L/LL尺寸請橫布紋裁剪
  * 寬150cm115/120/125/130cm
  （布紋依紙型指示裁剪）
- 寬1cm止伸襯布條　50cm
- 隱形拉鍊 長22cm 1條
- 腰襯寬3cm（黏著襯）66/69/75/78cm
- 鉤釦 1組

裁布圖

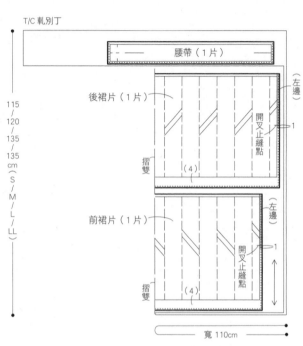

T/C 軋別丁

115／120／135／135 cm（S／M／L／LL）

寬 110cm

*（ ）中的數字為縫份。除指定處之外，
　縫份皆為 1cm。
* 在▨▨▨貼上黏著襯。
* ⌇⌇⌇ 部分進行 Z 字形車縫。

車縫順序

1 參考裁布圖裁剪
依指定位置貼上黏著襯，縫份進行Z字形車縫

2 車縫右脇・下襬

5 製作腰帶・接縫裙片

4 車縫左脇・裝上拉鍊（參考P.26至27 ❺）

6 裝上鉤釦
（參考P.59 7 ）

3 摺疊褶子

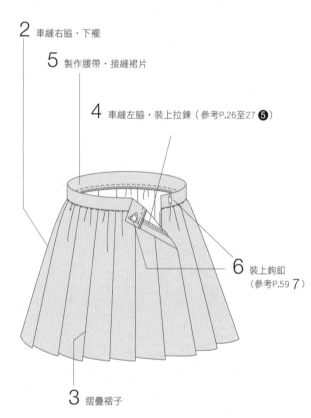

2 車縫左脇・下襬

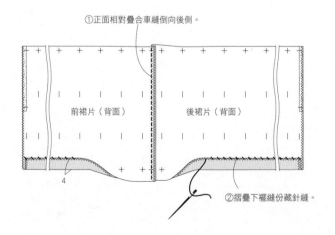

①正面相對疊合車縫倒向後側。

前裙片（背面）　　後裙片（背面）

②摺疊下襬縫份藏針縫。

3 摺疊褶子

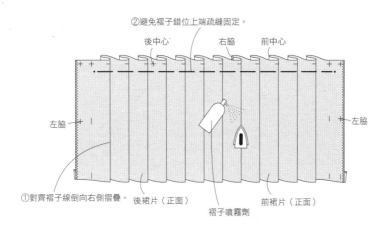

②避免褶子錯位上端疏縫固定。

後中心　右脇　前中心

左脇

①對齊褶子線倒向右側摺疊。　後裙片（正面）

褶子噴霧劑

前裙片（正面）

左脇

4 車縫左脇・裝上拉鍊

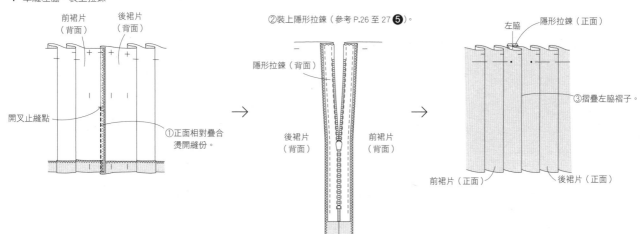

前裙片（背面）　後裙片（背面）

開叉止縫點

①正面相對疊合燙開縫份。

②裝上隱形拉鍊（參考 P.26 至 27 ❺）。

隱形拉鍊（背面）

後裙片（背面）　前裙片（背面）

左脇　隱形拉鍊（正面）

③摺疊左脇褶子。

前裙片（正面）　後裙片（正面）

5 製作腰帶・接縫裙片

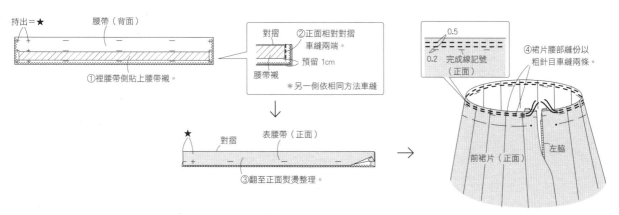

持出＝★　腰帶（背面）

①裡腰帶側貼上腰帶襯。

對摺　②正面相對對摺車縫兩端。

腰帶襯　預留 1cm

＊另一側依相同方法車縫

0.5
0.2　完成線記號（正面）

④裙片腰部縫份以粗針目車縫兩條。

★　對摺　表腰帶（正面）

③翻至正面熨燙整理。

前裙片（正面）　左脇

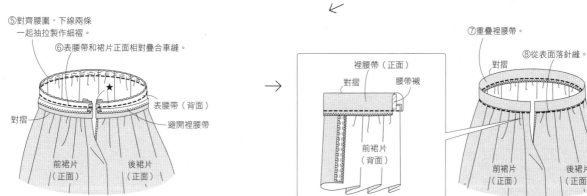

⑤對齊腰圍，下線兩條一起抽拉製作細褶。

⑥表腰帶和裙片正面相對疊合車縫。

對摺　表腰帶（背面）

避開裡腰帶

前裙片（正面）　後裙片（正面）

⑦重疊裡腰帶。

⑧從表面落針縫。

裡腰帶（正面）

對摺　腰帶襯

前裙片（背面）

對摺

前裙片（正面）　後裙片（正面）

<原寸紙型> ③面

前身片・前脇片・後身片・後脇片・前貼邊・後貼邊。

<材料>

● 合成皮革 寬135cm×60cm（各尺寸共通）
　＊寬110cm裁剪需同樣長度
● 黏著襯 65×25cm
● 隱形拉鍊 長56cm 1條（製作途中裁剪需要長度）
● 緞帶寬1.5cm 200cm（肩繩4條）
● 波浪緞帶 190cm
● 釦子寬1cm 4個

<完成尺寸>（從左至右為 S/M/L/LL）

胸圍　84／87／93／96cm
腰圍　63.5／66.5／72.5／75.2cm
身長（前中心）30／31／32／33cm

裁布圖

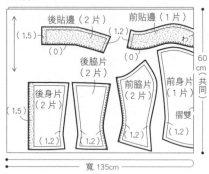

合成皮革

*（ ）中的數字為縫份。除指定處之外，縫份皆為 1cm。
* 在 ▨▨▨ 貼上黏著襯。
* ∿∿∿ 部分進行 Z 字形車縫。

車縫順序

1 參考裁布圖裁剪
　依指定位置貼上黏著襯，縫份進行Z字形車縫

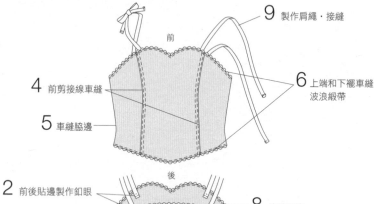

9 製作肩繩・接縫

前

4 前剪接線車縫

5 車縫脇邊

6 上端和下襬車縫波浪緞帶

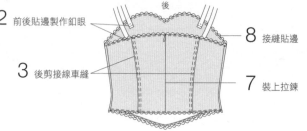

後

2 前後貼邊製作釦眼

8 接縫貼邊

3 後剪接線車縫

7 裝上拉鍊

2 前後貼邊製作釦眼

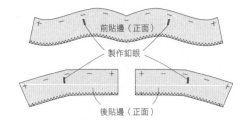

前貼邊（正面）

製作釦眼

後貼邊（正面）

後貼邊（正面）

3 後剪接線車縫

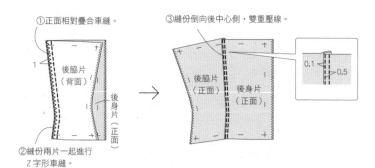

①正面相對疊合車縫。

②縫份兩片一起進行
Z 字形車縫。

後脇片（背面）

後身片（正面）

③縫份倒向後中心側・雙重壓線。

後脇片（正面）

後身片（正面）

0.1　0.5

4 前剪接線車縫

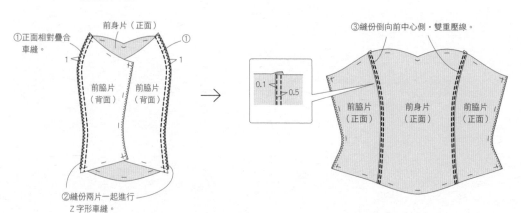

前身片（正面）

①正面相對疊合車縫。

前脇片（背面）

前脇片（背面）

②縫份兩片一起進行
Z 字形車縫。

③縫份倒向前中心側・雙重壓線。

0.1　0.5

前脇片（正面）

前身片（正面）

前脇片（正面）

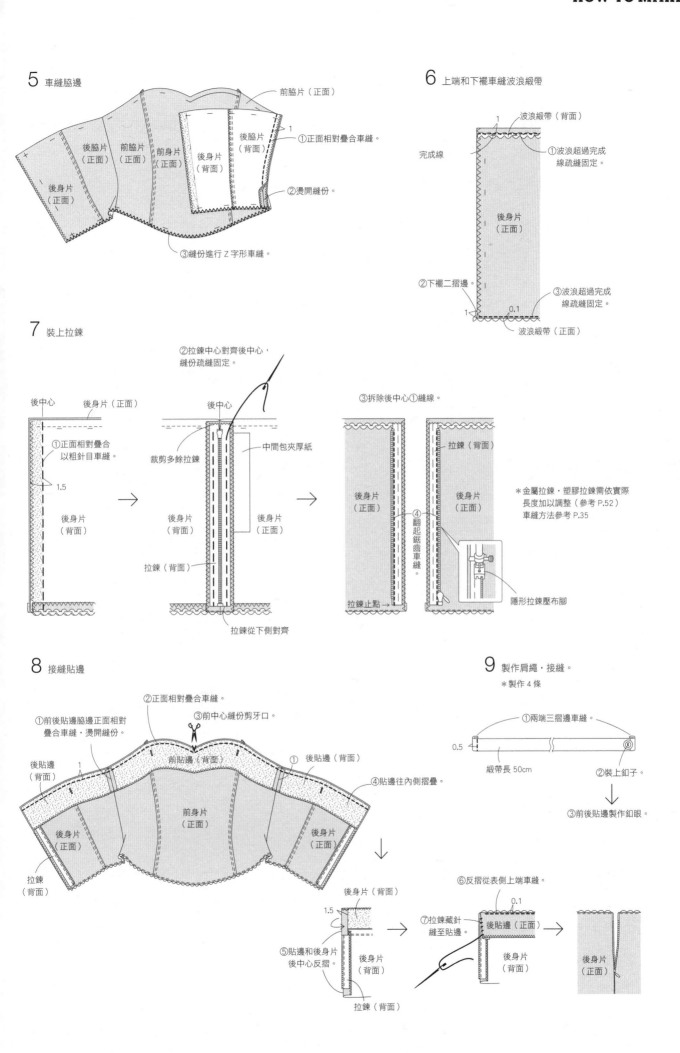

5　車縫脇邊

前脇片（正面）
①正面相對疊合車縫。
1
後脇片（背面）
後脇片（正面）
前脇片（正面）
前身片（正面）
後身片（背面）
後身片（正面）
②燙開縫份。
③縫份進行Z字形車縫。

6　上端和下襬車縫波浪緞帶

1
波浪緞帶（背面）
完成線
①波浪超過完成線疏縫固定。
後身片（正面）
②下襬二摺邊
③波浪超過完成線疏縫固定。
1　0.1
波浪緞帶（正面）

7　裝上拉鍊

②拉鍊中心對齊後中心，縫份疏縫固定。
③拆除後中心①縫線。

後中心　後身片（正面）
後中心
①正面相對疊合以粗針目車縫。
裁剪多餘拉鍊
中間包夾厚紙
1.5
後身片（背面）
後身片（背面）
後身片（正面）
拉鍊（背面）
後身片（正面）
拉鍊（背面）
後身片（正面）
④翻起鋸齒車縫。

*金屬拉鍊‧塑膠拉鍊需依實際長度加以調整（參考 P.52）車縫方法參考 P.35

拉鍊止點→
隱形拉鍊壓布腳
拉鍊從下側對齊

8　接縫貼邊

②正面相對疊合車縫。
③前中心縫份剪牙口。
①前後貼邊脇邊正面相對疊合車縫‧燙開縫份。
後貼邊（背面）
1
前貼邊（背面）
①
後貼邊（背面）
④貼邊往內側摺疊。
後身片（正面）
前身片（正面）
後身片（正面）
拉鍊（背面）

1.5
後身片（背面）
⑤貼邊和後身片後中心反摺。
前身片（正面）
拉鍊（背面）

⑥反摺從表側上端車縫。
0.1
⑦拉鍊藏針縫至貼邊。
後貼邊（正面）
後身片（背面）

後身片（正面）

9　製作肩繩‧接縫。
*製作 4 條

①兩端三摺邊車縫。
0.5
緞帶長 50cm
②裝上釦子。

③前後貼邊製作釦眼。

<原寸紙型> ②面

前上身片・前下身片・前胸身片・前下脇片・後身片・
後脇片・前褲管・後褲管・袖子・領子。

<完成尺寸>（從左至右為 S/M/L/LL）

胸圍　85 ／ 88 ／ 92 ／ 95cm
腰圍　65 ／ 68.5 ／ 75 ／ 78.5cm
臀圍　94 ／ 96 ／ 100 ／ 106cm
身長　132.5 ／ 135 ／ 138 ／ 140.5cm

<材料>

● OKADAYA2Way伸縮漆皮布
● 寬105cm×270/280285/300cm
　＊寬110cm裁剪200/200/210/210cm
● 黏著襯 50×20cm
● 針織拉鍊 長56cm 1條

裁布圖

OKADAYA2Way
伸縮漆皮布

車縫順序

1 參考裁布圖裁剪
　依指定位置貼上黏著襯，縫份進行Z字形車縫

8 車縫肩線
9 接縫袖子
13 接縫領子
2 接縫前身片
3 接縫後身片
5 接縫前身片和前褲管，車縫股上長
4 車縫尖褶
10 裝上拉鍊
11 車縫袖下脇邊和股下
7 接縫後身片和後褲管
6 車縫後褲管股上長
12 車縫袖口和下襬

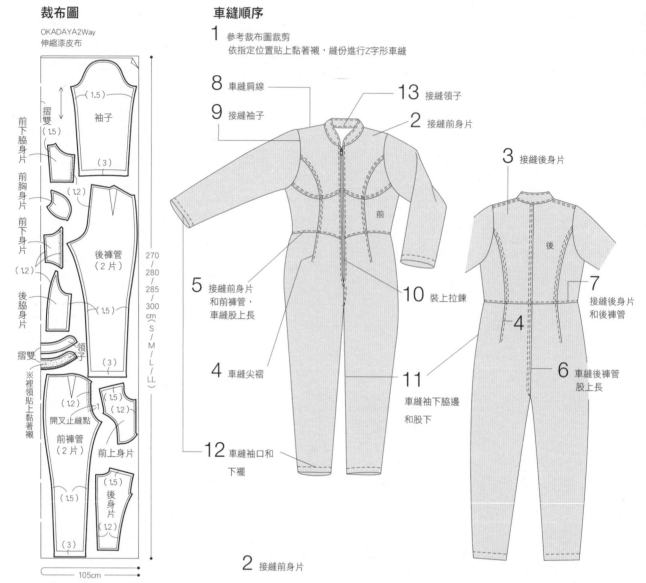

2 接縫前身片

*（　）中的數字為縫份。除指定處之外，縫份皆為 1cm。
* 在 ▨▨▨ 貼上黏著襯。
* ～～～ 部分進行 Z 字形車縫。
* 無指定處之外，單位皆為 cm。

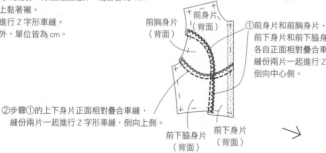

①前身片和前胸身片・前下身片和前下脇身片各自正面相對疊合車縫，縫份兩片一起進行 Z 字形車縫，倒向中心側。

②步驟①的上下身片正面相對疊合車縫，縫份兩片一起進行 Z 字形車縫，倒向上側。

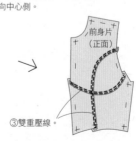

③雙重壓線。

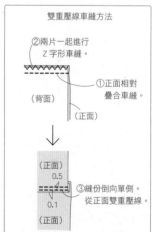

雙重壓線車縫方法

②兩片一起進行 Z 字形車縫。

①正面相對疊合車縫。

③縫份倒向單側。從正面雙重壓線。

3 接縫後身片

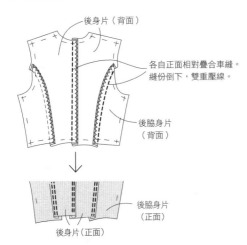

後身片（背面）

各自正面相對疊合車縫。
縫份倒下，雙重壓線。

後脇身片
（背面）

後脇身片
（正面）

後身片（正面）

4 車縫尖褶

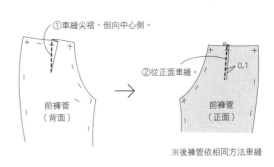

①車縫尖褶，倒向中心側。

前褲管
（背面）

②從正面車縫

0.1

前褲管
（正面）

※後褲管依相同方法車縫

5 接縫前身片和前褲管，車縫股上長

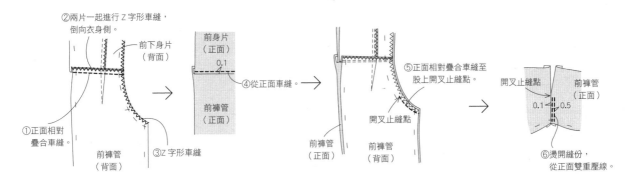

②兩片一起進行Z字形車縫，
倒向衣身側。

前下身片
（背面）

①正面相對
疊合車縫。

前褲管
（背面）

③Z字形車縫

前身片
（正面）

0.1

④從正面車縫。

前褲管
（正面）

⑤正面相對疊合車縫至
股上開叉止縫點。

開叉止縫點

前褲管
（正面）

前褲管
（背面）

開叉止縫點

前褲管
（正面）

0.1　0.5

⑥燙開縫份，
從正面雙重壓線。

6 車縫後褲管股上長

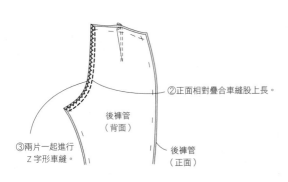

②正面相對疊合車縫股上長。

後褲管
（背面）

③兩片一起進行
Z字形車縫。

後褲管
（正面）

④縫份倒向褲管側，
雙重壓線。

後褲管
（正面）

7 接縫後身片和後褲管

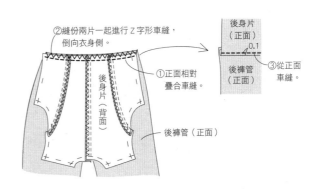

②縫份兩片一起進行Z字形車縫，
倒向衣身側。

①正面相對
疊合車縫。

後身片
（背面）

後褲管（正面）

後身片
（正面）

0.1

後褲管
（正面）

③從正面
車縫。

8 車縫肩線

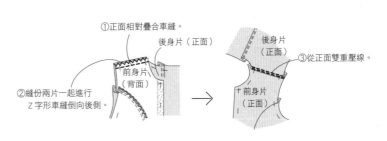

①正面相對疊合車縫。

後身片（正面）

前身片
（背面）

②縫份兩片一起進行
Z字形車縫倒向後側。

後身片
（正面）

③從正面雙重壓線。

前身片
（正面）

9 接縫袖子

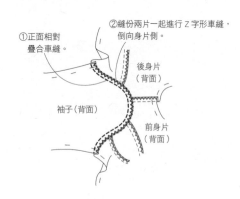

①正面相對疊合車縫。

②縫份兩片一起進行Z字形車縫，倒向身片側。

後身片（背面）

袖子（背面）

前身片（背面）

10 裝上拉鍊

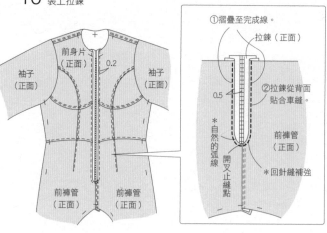

袖子（正面）

前身片（正面）

0.2

袖子（正面）

前褲管（正面）

前褲管（正面）

①摺疊至完成線。

拉鍊（正面）

0.5

②拉鍊從背面貼合車縫。

前褲管（正面）

＊自然的弧線

開叉止縫點

＊回針縫補強

11 車縫袖下脇邊和股下

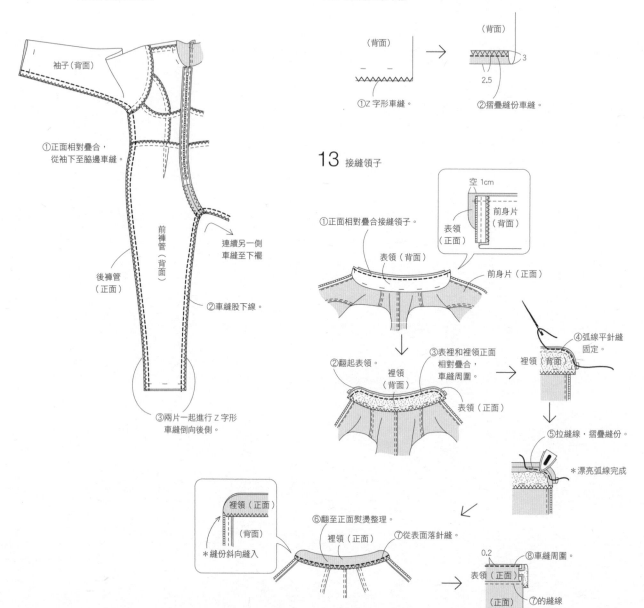

袖子（背面）

①正面相對疊合，從袖下至脇邊車縫。

後褲管（正面）

前褲管（背面）

連續另一側車縫至下襬

②車縫股下線。

③兩片一起進行Z字形車縫倒向後側。

12 車縫袖口和下襬

（背面）

①Z字形車縫。

→

（背面）

3

2.5

②摺疊縫份車縫。

13 接縫領子

①正面相對疊合接縫領子。

空 1cm

表領（正面）

前身片（背面）

表領（背面）

前身片（正面）

②翻起表領。

裡領（背面）

③表裡和裡領正面相對疊合，車縫周圍。

表領（正面）

④弧線平針縫固定。

裡領（背面）

⑤拉縫線·摺疊縫份。

＊漂亮弧線完成

裡領（正面）

（背面）

＊縫份斜向縫入

⑥翻至正面熨燙整理。

裡領（正面）

⑦從表面落針縫。

0.2

表領（正面）

（正面）

⑧車縫周圍。

⑦的縫線

2 連身泳裝 P.24

<原寸紙型> ③面

前身片・前脇身片・後身片・後脇身片。

<完成尺寸>（從左至右為 S/M/L/LL）

胸圍　68.5 ／ 74 ／ 78 ／ 81cm

腰圍　52 ／ 55 ／ 61 ／ 64cm

身長（從肩下至股下）62.5 ／ 64.5 ／ 67 ／ 69cm

<材料>

● 2Way彈性布　寬92cm×75/80/110/120cm
● 寬105cm×270/280285/300cm
　* 寬150cm裁剪80cm（各尺寸共通）
● 寬0.3cm鬆緊帶100cm

裁布圖

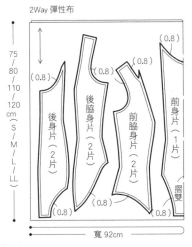

2Way 彈性布

75／80／110／120 cm（S／M／L／LL）

寬 92cm

後身片（2片）（0.8）（0.8）

後脇身片（2片）（0.8）（0.8）

前脇身片（2片）（0.8）（0.8）

前身片（1片）（0.8）摺雙

*（ ）中的數字為縫份。除指定處之外，縫份皆為1cm。

車縫順序

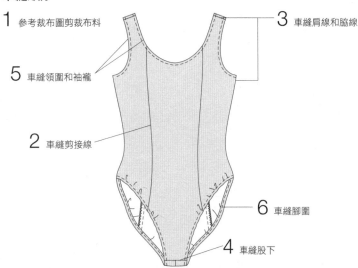

1　參考裁布圖剪裁布料

3　車縫肩線和脇線

5　車縫領圍和袖襱

2　車縫剪接線

6　車縫腳圍

4　車縫股下

2　車縫剪接線

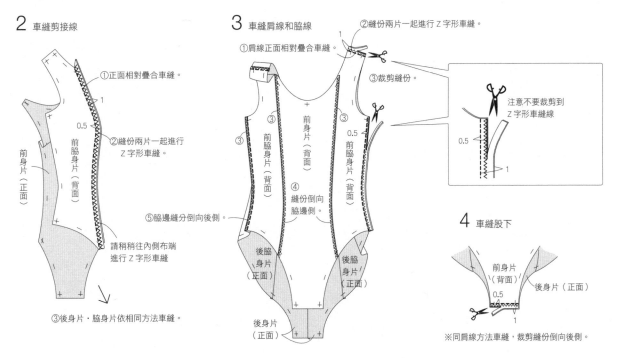

①正面相對疊合車縫。

前身片（正面）

前脇身片（背面）

②縫份兩片一起進行Z字形車縫。

⑤脇邊縫分倒向後側。

請稍稍往內側布端進行Z字形車縫

③後身片・脇身片依相同方法車縫。

3　車縫肩線和脇線

②縫份兩片一起進行Z字形車縫。

①肩線正面相對疊合車縫。

③裁剪縫份。

注意不要裁剪到Z字形車縫線

前身片（背面）

前脇身片（背面）

前脇身片（背面）

④縫份倒向脇邊側。

後脇身片（正面）

後脇身片（正面）

後身片（正面）

4　車縫股下

前身片（背面）

後身片（正面）

0.5

1

※同肩線方法車縫，裁剪縫份倒向後側。

5　車縫領圍和袖襱

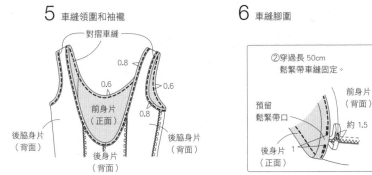

對摺車縫

0.8

0.6

0.6

0.8

前身片（正面）

後脇身片（背面）

後脇身片（背面）

後身片（背面）

6　車縫腳圍

①對摺車縫。

②穿過長50cm鬆緊帶車縫固定。

預留鬆緊帶口

約1.5

前身片（背面）

後身片（正面）

0.8

0.8

0.6

0.6

前身片（背面）

後身片（正面）

鬆緊帶口

鬆緊帶口

13 比基尼 P.24

<原寸紙型> ③面

前比基尼褲・後比基尼褲・表比基尼胸罩・裡比基尼胸罩。

....

<完成尺寸>（從左至右為 S/M/L/LL）

比基尼褲（鬆緊帶腰圍的尺寸）
58 ／ 60 ／ 64 ／ 70cm

<材料>

- 2Way彈性布 寬95cm×80/85/90/120cm
  * 寬150cm×75cm（各尺寸共通）
- 寬1.5cm針織織帶245/250/256/261cm
- 寬0.8cm鬆緊帶59/61/65/71cm（腰圍用）
- 寬0.8cm鬆緊帶96/98/102/108cm（股圍用）
- 胸墊 1組

裁布圖

2Way 彈性布

```
表前比基尼褲・
裡前比基尼褲
（各1片）

摺雙

表後比基尼褲・
裡後比基尼褲
（各1片）

(0)    (0)    (0)    (0)

表               裡
比基尼胸罩        比基尼胸罩
（2片）          （2片）
```

80
85
90
120
cm〈S/M/L/LL〉

寬95cm

*( ) 中的數字為縫份。除指定處之外，縫份皆為 0.8cm。

車縫順序

1 參考裁布圖剪裁布料

2 製作胸墊入口

3 接縫織帶

6 穿過鬆緊帶

5 車縫表・裡比基尼褲

4 車縫股下

2 製作胸墊入口

①對摺車縫。
0.5
0.8
裡比基尼胸罩（背面）

表比基尼胸罩（背面）

胸墊入口
0.8   0.8

裡比基尼胸罩（正面）
②背面相對疊合車縫周圍。
0.8

3 接縫織帶

＊頸帶＆胸下織帶可依體型自由調整。

摺疊 0.8
約 37
0.2

②織帶包夾脇側，車縫頸帶。

①織帶包夾中央側車縫。
右表比基尼胸罩（正面）

③下側平針縫，拉縫線，縮至 16cm。
＊同樣方法左右對稱製作左比基尼胸罩

左裡比基尼胸罩（正面）　右裡比基尼胸罩（正面）
1.8
④重疊疏縫固定。

0.8 摺入
⑥從胸墊入口放進胸墊
長 106cm
⑤織帶包夾下側車縫。
對齊中心

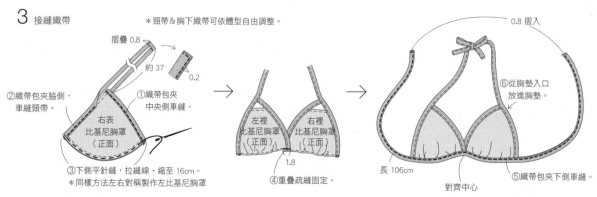

4 車縫股下

表後比基尼褲（背面）

表前比基尼褲（正面）

0.8

①正面相對疊合車縫。
＊裡比基尼褲也依相同方法車縫

5 車縫表・裡比基尼褲

0.8
裡前比基尼褲（背面）
0.8
表前比基尼褲（正面）
0.8
①正面相對疊合車縫，預留兩脇。
裡後比基尼褲（背面）
②脇邊放置內側，穿過股下翻至正面。
0.8
表後比基尼褲（正面）

避開裡縫份
③表前・後比基尼褲正面相對疊合車縫，燙開縫份。
裡前比基尼褲（正面）
0.8
裡後比基尼褲（正面）
表前比基尼褲（背面）

④脇縫份往內側摺疊，預留鬆緊帶入口藏針縫。

⑤壓線製作鬆緊帶穿入口
腰側
1 1
裡前比基尼褲（正面）
裡後比基尼褲（正面）
1
鬆緊帶穿入口

穿過鬆緊帶長61cm 車縫固定
重疊 1cm
腰側
裡前比基尼褲（正面）　裡後比基尼褲（正面）

6 穿過鬆緊緞帶

重疊 1cm
裡前比基尼褲（正面）　裡後比基尼褲（正面）
穿過鬆緊帶長 49cm 車縫固定

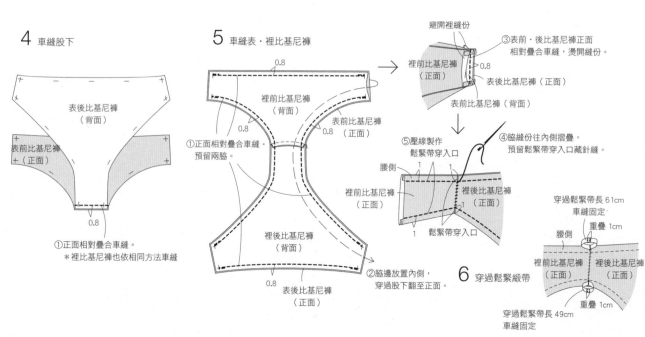

4 西裝外套 P.28

P.28

<原寸紙型> ③面

前身片・前脇身片・後身片・後脇身片・外袖・內袖・
前貼邊・表領・裡領。

<完成尺寸>（從左至右為 S/M/L/LL）

胸圍　101.5／104.5／110.5／113.5cm
腰圍　78／81／87／90cm
身長　63.5／64.5／65.5／66.5cm

<材料>

● 斜紋布寬150×180/185/190/195cm
　＊寬110cm裁剪230cm（各尺寸共通）
● 黏著襯 80×80cm
● 寬1cm止伸襯布條200cm
● 直徑2.1cm釦子 2個
● 直徑1.5cm釦子 4個
● 肩墊 1組

裁布圖

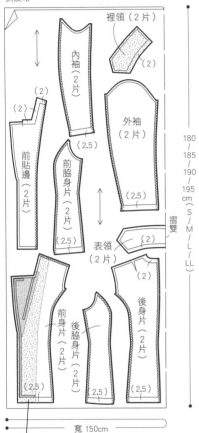

斜紋布

裡領（2片）
內袖（2片）
外袖（2片）
前貼邊（2片）
前脇身片（2片）
表領（2片）
前身片（2片）
前脇身片（2片）
後身片（2片）
後脇身片（2片）

180
185
190
195
cm
(S／M／L／LL)

摺雙

寬 150cm

車縫順序

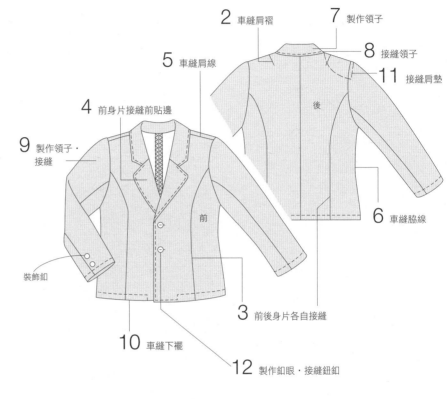

1 參考裁布圖裁剪
　依指定位置貼上黏著襯・止伸襯布條，縫份進行Z字形車縫

2 車縫肩褶
5 車縫肩線
7 製作領子
8 接縫領子
11 接縫肩墊
4 前身片接縫前貼邊
9 製作領子・接縫
後
前
裝飾釦
6 車縫脇線
3 前後身片各自接縫
10 車縫下襬
12 製作釦眼・接縫鈕釦

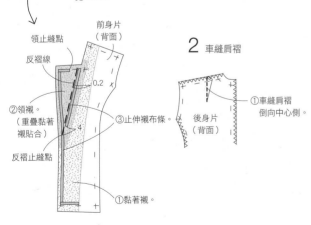

領止縫點
反褶線
0.2
②領襯。
（重疊黏著襯貼合）
③止伸襯布條。
反褶止縫點
①黏著襯。
前身片（背面）

2 車縫肩褶

①車縫肩褶
倒向中心側。
後身片（背面）

3 前後身片各自接縫

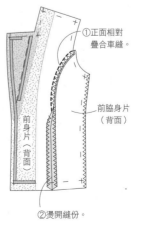

①車縫肩褶
倒向中心側。
前身片（背面）
前脇身片（背面）
②燙開縫份。

①正面相對
疊合車縫。
②
後脇身片（背面）
後身片（背面）

*（　）中的數字為縫份。除指定處之外，縫份皆為 1cm。
*在▨▨貼上黏著襯。
*▨▨止伸襯布條重疊在黏著襯上貼合。
* wwww 部分進行Z字形車縫。

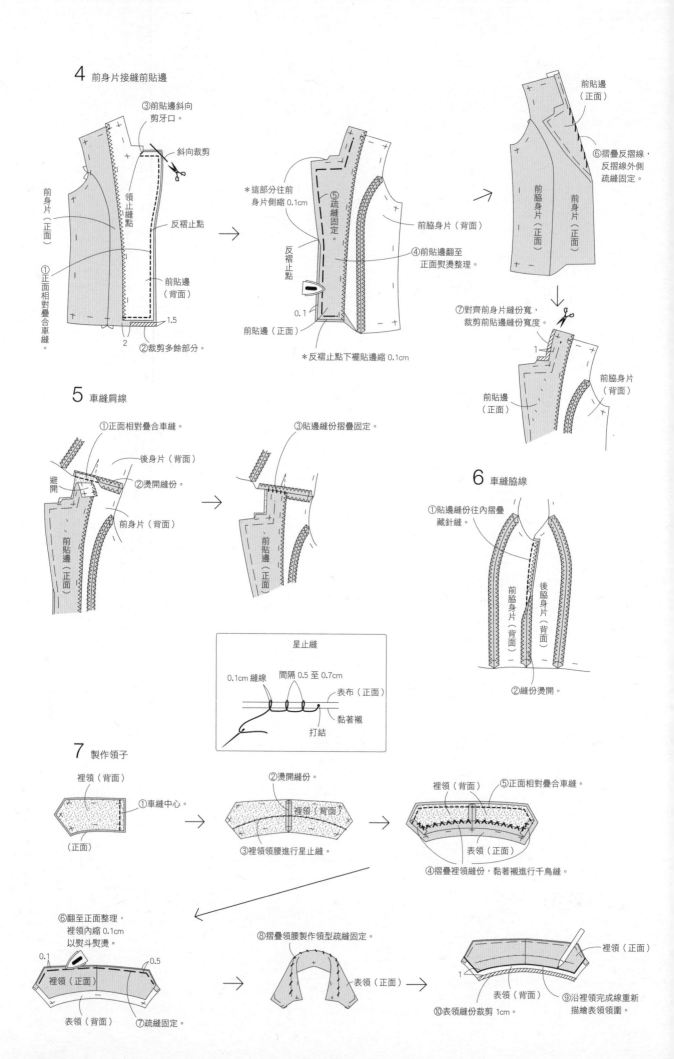

4 前身片接縫前貼邊

③前貼邊斜向剪牙口。

斜向裁剪

前身片（正面）

領止縫點

反褶止點

前貼邊（背面）

①正面相對疊合車縫。

1.5

2

②裁剪多餘部分。

＊這部分往前身片側縮0.1cm

⑤疏縫固定。

反褶止點

前脇身片（背面）

④前貼邊翻至正面熨燙整理。

0.1

前貼邊（正面）

＊反褶止點下襬貼邊縮0.1cm

前貼邊（正面）

⑥摺疊反摺線，反摺線外側疏縫固定。

前脇身片（正面）

前身片（正面）

⑦對齊前身片縫份寬，裁剪前貼邊縫份寬度。

1

前貼邊（正面）

前脇身片（背面）

5 車縫肩線

①正面相對疊合車縫。

後身片（背面）

避開

②燙開縫份。

前身片（背面）

前貼邊（正面）

③貼邊縫份摺疊固定。

前貼邊（正面）

6 車縫脇線

①貼邊縫份往內摺疊藏針縫。

前脇身片（背面）

後脇身片（背面）

②縫份燙開。

星止縫

0.1cm縫線

間隔0.5至0.7cm

表布（正面）

黏著襯

打結

7 製作領子

裡領（背面）

（正面）

①車縫中心。

②燙開縫份。

裡領（背面）

③裡領領腰進行星止縫。

裡領（背面）

⑤正面相對疊合車縫。

表領（正面）

④摺疊裡領縫份，黏著襯進行千鳥縫。

⑥翻至正面整理，裡領內縮0.1cm以熨斗熨燙。

0.1

裡領（正面）

0.5

表領（背面）

⑦疏縫固定。

⑧摺疊領腰製作領型疏縫固定。

表領（正面）

裡領（正面）

表領（背面）

⑨沿裡領完成線重新描繪表領領圍。

⑩表領縫份裁剪1cm。

8 接縫領子

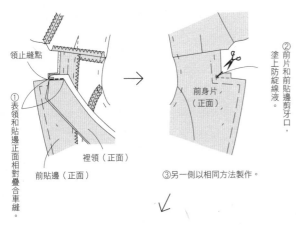

領止縫點

①表領和貼邊正面相對疊合車縫。

裡領（正面）

前貼邊（正面）

前身片（正面）

②前片和前貼邊剪牙口，塗上防綻線液。

③另一側以相同方法製作。

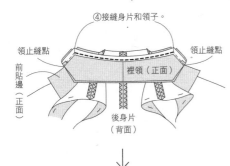

④接縫身片和領子。

領止縫點　　　　　領止縫點

前貼邊（正面）

裡領（正面）

後身片（背面）

⑥身片和貼邊一起壓線車縫。

⑤包夾縫份，裡領藏針縫。

裡領（正面）

反摺止點

肩線　　　　肩線

前身片（正面）　　　⑥

9 製作領子‧接縫

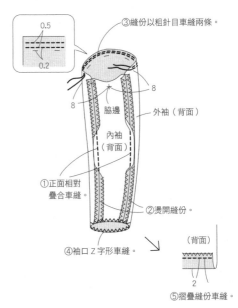

③縫份以粗針目車縫兩條。

0.5

0.2

8

脇邊

8

內袖（背面）

外袖（背面）

①正面相對疊合車縫。

②燙開縫份。

④袖口 Z 字形車縫。

（背面）

2

⑤摺疊縫份車縫。

⑥袖子翻至正面。

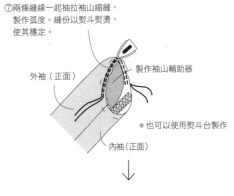

⑦兩條縫線一起抽拉袖山縮縫，製作弧度。縫份以熨斗熨燙，使其穩定。

外袖（正面）

製作袖山輔助器

＊也可以使用熨斗台製作

內袖（正面）

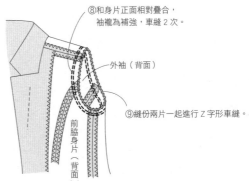

⑧和身片正面相對疊合，袖襱為補強，車縫 2 次。

外袖（背面）

⑨縫份兩片一起進行 Z 字形車縫。

前脇身片（背面）

10 車縫下襬

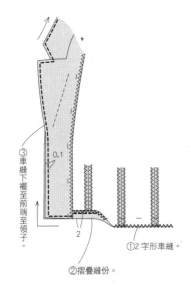

③車縫下襬至前端至領子。

0.1

2

①Z 字形車縫。

②摺疊縫份。

11 接縫肩墊

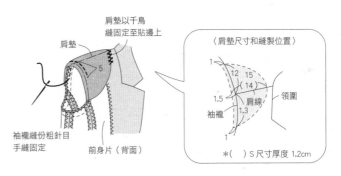

肩墊以千鳥縫固定至貼邊上

肩墊

5

〈肩墊尺寸和縫製位置〉

1

12　15

(14)

1.5

肩線

袖襱　　1.3

領圍

1

袖襱縫份粗針目手縫固定

前身片（背面）

＊（ ）S 尺寸厚度 1.2cm

15 絲瓜領大衣 P.29

＜原寸紙型＞ ④面

前身片・前脇身片・後身片・後脇身片・外袖・內袖・
前貼邊・前下貼邊・裡領。

＜完成尺寸＞（從左至右為 S/M/L/LL）

胸圍 101.5 ／ 104.5 ／ 110.5 ／ 113.5cm

腰圍 78 ／ 81 ／ 87 ／ 90cm

身長 90.5 ／ 92.5 ／ 94 ／ 95.5cm

＜材料＞

● Brocade寬112×320/330/340/350cm
  ＊ 寬150cm裁剪230/240/240/250cm
● 黏著襯 90×190cm
● 寬1cm止伸襯布條40cm
● 直徑2.3cm釦子 4個
● 肩墊 1組

裁布圖 ｜ 車縫順序

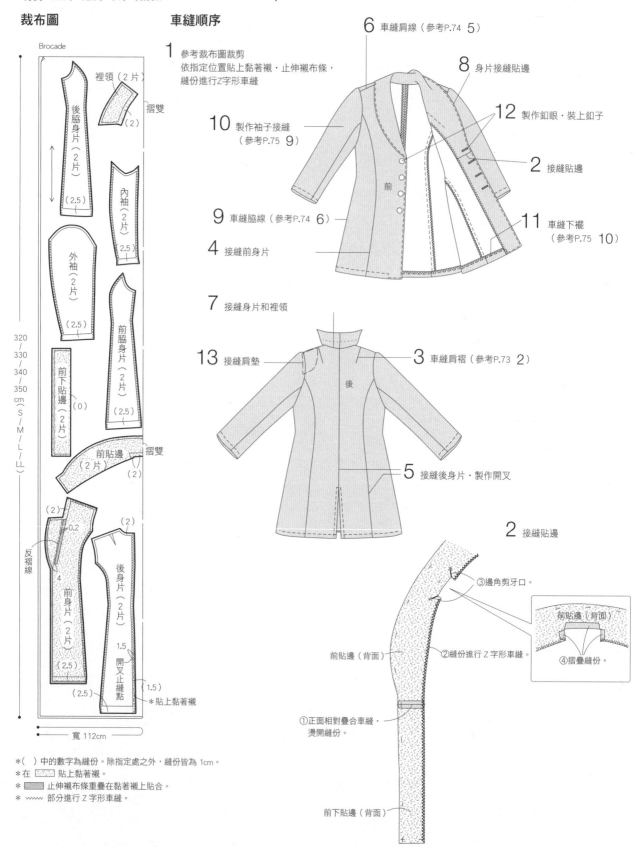

裁布圖

Brocade

裡領（2片）
摺雙
（2）

後脇身片（2片）
（2.5）

內袖（2片）
（2.5）

外袖（2片）
（2.5）

前脇身片（2片）
（2.5）

前下貼邊（2片）
（0）

前貼邊（2片）
摺雙
（2）

（2）
0.2
反褶線
4

前身片（2片）
（2.5）

後身片（2片）
（2.5）
1.5
開叉止縫點
（1.5）
＊貼上黏著襯

320
330
340
350
cm（S/M/L/LL）

寬112cm

車縫順序

1 參考裁布圖裁剪
依指定位置貼上黏著襯・止伸襯布條，
縫份進行Z字形車縫

10 製作袖子接縫
（參考P.75 9）

9 車縫脇線（參考P.74 6）

4 接縫前身片

7 接縫身片和裡領

13 接縫肩墊

6 車縫肩線（參考P.74 5）

8 身片接縫貼邊

12 製作釦眼・裝上釦子

2 接縫貼邊

11 車縫下襬（參考P.75 10）

前

3 車縫肩褶（參考P.73 2）

後

5 接縫後身片・製作開叉

2 接縫貼邊

③邊角剪牙口。

前貼邊（背面）

②縫份進行Z字形車縫。

前貼邊（背面）

④摺疊縫份。

①正面相對疊合車縫・
燙開縫份。

前下貼邊（背面）

＊（ ）中的數字為縫份。除指定處之外，縫份皆為 1cm。
＊在 ▨ 貼上黏著襯。
＊ ▥ 止伸襯布條重疊在黏著襯上貼合。
＊ ∿∿∿ 部分進行Z字形車縫。

4 接縫前身片

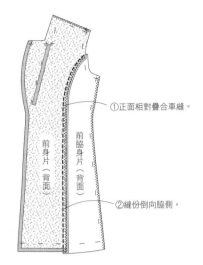

①正面相對疊合車縫。

②縫份倒向脇側。

前身片（背面）

前脇身片（背面）

5 接縫後身片・製作開叉

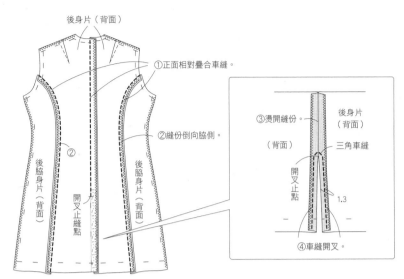

後身片（背面）

①正面相對疊合車縫。

②縫份倒向脇側。

後脇身片（背面）

後脇身片（背面）

開叉止縫點

③燙開縫份

後身片（背面）

（背面）

三角車縫

開叉止縫點

1.3

④車縫開叉。

7 接縫身片和裡領

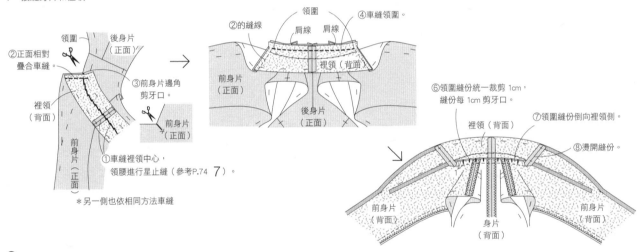

②正面相對疊合車縫。

領圍

後身片（正面）

③前身片邊角剪牙口。

裡領（背面）

前身片（正面）

前身片（正面）

①車縫裡領中心，領腰進行星止縫（參考P.74 7）。

＊另一側也依相同方法車縫

②的縫線

領圍

肩線　肩線

④車縫領圍。

前身片（正面）

裡領（背面）

後身片（正面）

⑥領圍縫份統一裁剪 1cm，縫線每 1cm 剪牙口。

⑦領圍縫份倒向裡領側。

裡領（背面）

⑧燙開縫份。

前身片（背面）

身片（背面）

前身片（背面）

8 身片接縫貼邊

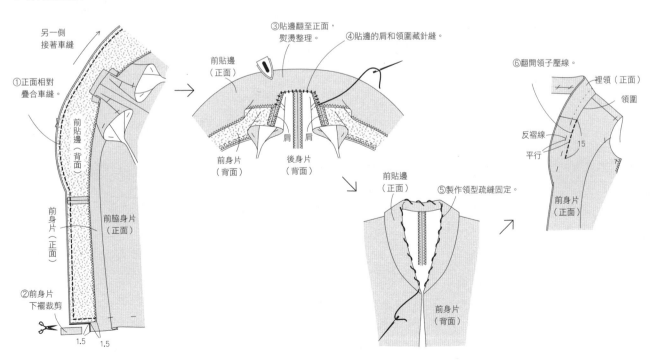

另一側接著車縫

①正面相對疊合車縫。

前貼邊（背面）

前身片（正面）

前脇身片（正面）

②前身片下襬裁剪

1.5　1.5

③貼邊翻至正面，熨燙整理。

④貼邊的肩和領圍藏針縫。

前貼邊（正面）

前身片（背面）

肩　肩

後身片（背面）

前貼邊（正面）

⑤製作領型疏縫固定。

前身片（背面）

⑥翻開領子壓線。

裡領（正面）

領圍

反褶線

平行

15

前身片（正面）

＜原寸紙型＞ ⑤面

前身片・前脇身片・後身片・後脇身片・外袖・內袖・
燕尾・前貼邊・表領・裡領。

＜完成尺寸＞ (從左至右為 S/M/L/LL)

腰圍　73／76／82／85cm

身長　100.5／102／103.5／105cm (至燕尾下擺)

＜材料＞

● 公爵夫人 (沙典) 寬148×180/180/190/200cm
　＊ 寬110cm裁剪220/230/230/240cm
● Sorechito (裡布) 寬122×70/70/75/80cm
● 黏著襯 90×60cm
● 寬1cm止伸襯布條220cm
● 直徑2cm包釦 8個
● 直徑1.4cm包釦 4個
● 肩墊 1組

裁布圖

車縫順序

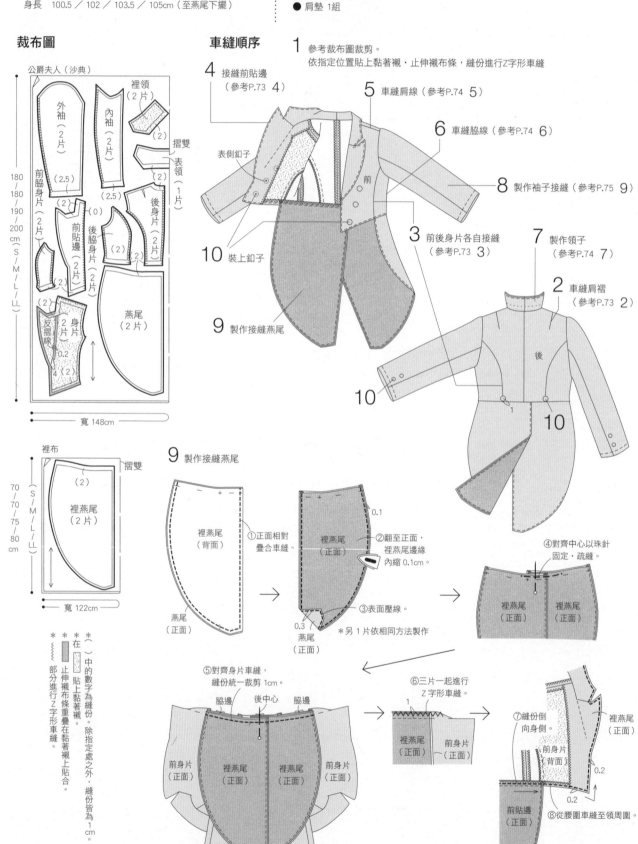

1 參考裁布圖裁剪。
依指定位置貼上黏著襯・止伸襯布條，縫份進行Z字形車縫

4 接縫前貼邊 (參考P.73 **4**)

5 車縫肩線 (參考P.74 **5**)

6 車縫脇線 (參考P.74 **6**)

8 製作袖子接縫 (參考P.75 **9**)

3 前後身片各自接縫 (參考P.73 **3**)

7 製作領子 (參考P.74 **7**)

2 車縫肩褶 (參考P.73 **2**)

10 裝上釦子

9 製作接縫燕尾

9 製作接縫燕尾

①正面相對疊合車縫。

②翻至正面，裡燕尾邊緣內縮0.1cm。

③表面壓線。

＊另1片依相同方法製作

④對齊中心以珠針固定・疏縫。

⑤對齊身片車縫，縫份統一裁剪1cm。

⑥三片一起進行Z字形車縫。

⑦縫份倒向身側。

⑧從腰圍車縫至領周圍。

1 貝蕾帽 P.33

<原寸紙型> ⑥面
帽頂・帽冠・帽腰布。

<材料>
● 棉絨寬85×65cm
● 內裡寬100×60cm
● 黏著襯寬 90×70cm
● 尺寸固定帶65cm

<完成尺寸>（從左至右為 S/M/L/LL）
頭圍　57.5cm

裁布圖

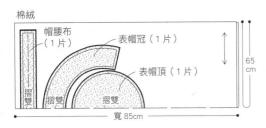

棉絨

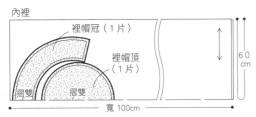

內裡

＊除指定處之外，縫份皆為 1cm。
＊在 ▨ 貼上黏著襯。

車縫順序

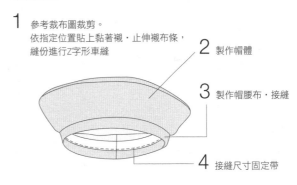

1　參考裁布圖裁剪。
　　依指定位置貼上黏著襯・止伸襯布條，
　　縫份進行Z字形車縫

2　製作帽體

3　製作帽腰布・接縫

4　接縫尺寸固定帶

2 製作帽體

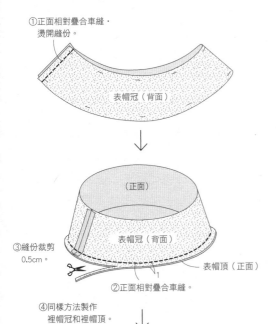

①正面相對疊合車縫・
　燙開縫份。

表帽冠（背面）

（正面）

表帽冠（背面）

③縫份裁剪
　0.5cm。

表帽頂（正面）

②正面相對疊合車縫。

④同樣方法製作
　裡帽冠和裡帽頂。

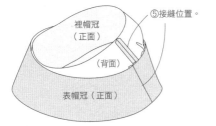

⑤接縫位置。

裡帽冠
（正面）

（背面）

表帽冠（正面）

3 製作帽腰布・接縫

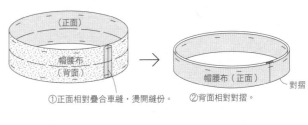

（正面）

帽腰布
（背面）

①正面相對疊合車縫・燙開縫份。

帽腰布（正面）

對摺

②背面相對對摺。

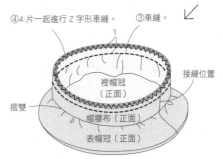

④4 片一起進行 Z 字形車縫。　③車縫。

裡帽冠
（正面）

接縫位置

摺雙

帽腰布（正面）

表帽冠（正面）

4 接縫尺寸固定帶

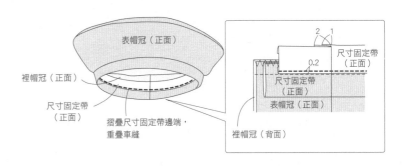

表帽冠（正面）

裡帽冠（正面）

尺寸固定帶
（正面）

摺疊尺寸固定帶邊端，
重疊車縫

2 1

尺寸固定帶
（正面）

0.2

尺寸固定帶
（正面）

表帽冠（正面）

裡帽冠（背面）

＜原寸紙型＞ ⑤面
前身片・後身片・袖・領・貼邊・裝飾口袋。

＜材料＞
● 化纖布料寬148×145/150/155/160cm
＊ 寬110cm裁剪210/215/220/220cm
● 黏著襯 60×70cm
● 直徑2.1cm包釦 9個
● 肩墊 1組

＜完成尺寸＞（從左至右為 S/M/L/LL）
胸圍 87／90／96／99cm
身長 61.5／62.5／63.5／64.5cm

裁布圖

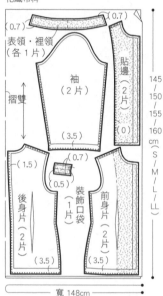

化纖布料

（0.7）　（0.7）

表領・裡領
（各1片）

貼邊
（2片）

袖
（2片）

摺雙

145
／
150
／
155
／
160
cm
（S／M／L／LL）

（3.5）

（0.7）
（1.5）
（0.5）

裝飾口袋
（1片）

後身片
（2片）

前身片
（2片）

（3.5）　（3.5）

寬148cm

＊（　）中的數字為縫份。除指定處之外，縫份皆為 1cm。
＊在 ▨▨ 貼上黏著襯。
＊ ∿∿ 部分進行 Z 字形車縫。

車縫順序

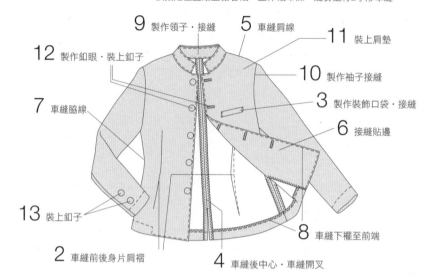

1 參考裁布圖裁剪
依指定位置貼上黏著襯，止伸襯布條，縫份進行Z字形車縫

9 製作領子・接縫
5 車縫肩線
11 裝上肩墊
12 製作釦眼・裝上釦子
10 製作袖子接縫
7 車縫脇線
3 製作裝飾口袋・接縫
6 接縫貼邊
13 裝上釦子
8 車縫下襬至前端
2 車縫前後身片肩褶
4 車縫後中心・車縫開叉

3 製作裝飾口袋・接縫

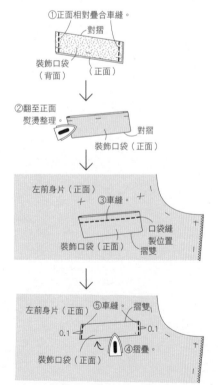

①正面相對疊合車縫。
對摺
裝飾口袋（背面）
（正面）

②翻至正面
熨燙整理。
對摺
裝飾口袋（正面）

左前身片（正面）
③車縫。
口袋縫製位置摺雙
裝飾口袋（正面）

左前身片（正面）　⑤車縫。　摺雙
0.1　0.1
④摺疊。
裝飾口袋（正面）

2 車縫前後身片肩褶

前身片（背面）
①車縫褶子。
前身片（正面）
前身片（背面）

②縫份倒向前中心側。
前身片（背面）

＊後身片依相同方法車縫
　縫份倒向後中心側。

4 車縫後中心・車縫開叉

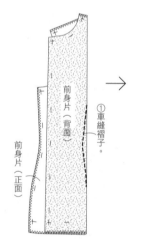

後身片（正面）
1.5
後身片（背面）
開叉止縫點
①正面相對疊合車縫。

後中心
後身片（正面）
③翻至背面，摺疊至下襬完成線。
②完成線正面相對摺疊車縫。

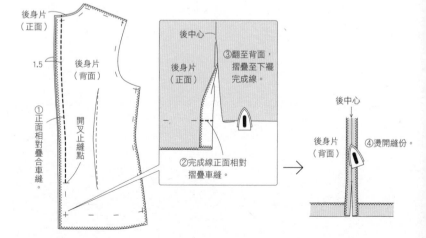

後中心
後身片（背面）
④燙開縫份。

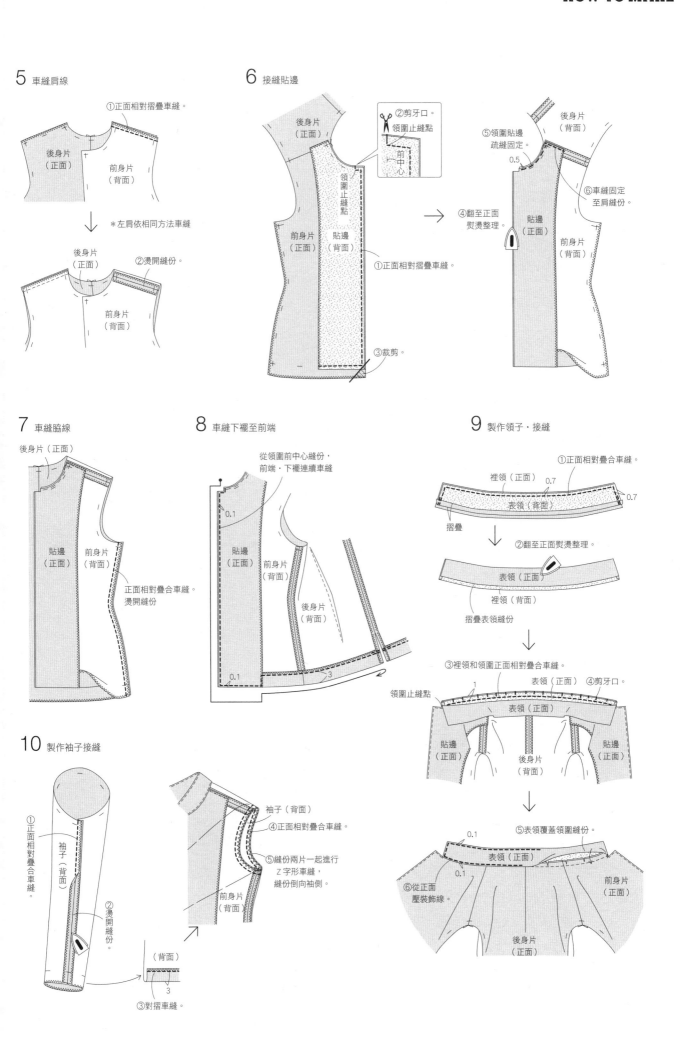

5 車縫肩線

①正面相對摺疊車縫。

後身片（正面）　前身片（背面）

↓

＊左肩依相同方法車縫

後身片（正面）

②燙開縫份。

前身片（背面）

6 接縫貼邊

後身片（正面）

②剪牙口。
領圍止縫點
前中心

領圍止縫點

前身片（正面）　貼邊（背面）

①正面相對摺疊車縫。

③裁剪。

→

⑤領圍貼邊疏縫固定。

0.5

後身片（背面）

⑥車縫固定至肩縫份。

④翻至正面熨燙整理。

貼邊（正面）　前身片（背面）

7 車縫脇線

後身片（正面）

0.1

貼邊（正面）　前身片（背面）

正面相對疊合車縫。燙開縫份

0.1

8 車縫下襬至前端

從領圍前中心縫份，前端・下襬連續車縫

0.1

貼邊（正面）　前身片（背面）

後身片（背面）

0.1　3

9 製作領子・接縫

①正面相對疊合車縫。

裡領（正面）　0.7

表領（背面）　0.7

摺疊

②翻至正面熨燙整理。

表領（正面）

裡領（背面）

摺疊表領縫份

③裡領和領圍正面相對疊合車縫。

領圍止縫點　1　表領（正面）　④剪牙口。

表領（正面）

貼邊（正面）　後身片（背面）　貼邊（正面）

⑤表領覆蓋領圍縫份。

0.1　表領（正面）

0.1

⑥從正面壓裝飾線。

前身片（正面）

後身片（正面）

10 製作袖子接縫

①正面相對疊合車縫。

袖子（背面）

②燙開縫份。

（背面）

3

③對摺車縫。

袖子（背面）

④正面相對疊合車縫。

⑤縫份兩片一起進行Z字形車縫，縫份倒向袖側。

前身片（背面）

19 學生制服(附拉鍊) P.31

<原寸紙型> ⑥面

前身片・後身片・袖・領・貼邊。

<材料>

● 化纖布料寬148×145/145/150/150cm
　＊ 寬110cm裁剪210/215/220/220cm
● 黏著襯 60×70cm
● 拉鍊 長57 /58/59/60cm 1條
● 沙典斜布紋緞帶寬1cm（滾邊種類）210cm
● 肩墊 1組

<完成尺寸>（從左至右為 S/M/L/LL）

胸圍　87 / 90 / 96 / 99cm
腰圍　75 / 78 / 84 / 87
身長　61.5 / 62.5 / 63.5 / 64.5cm

裁布圖

化纖布料

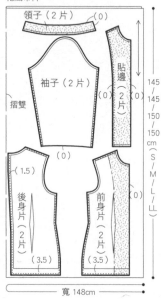

*（　）中的數字為縫份。除指定處之外，
　縫份皆為 1cm。

＊在 ▨▨▨ 貼上黏著襯。

＊ ∿∿∿ 部分進行 Z 字形車縫。

車縫順序

1　參考裁布圖裁剪
　依指定位置貼上黏著襯・止伸襯布條，縫份進行Z字形車縫

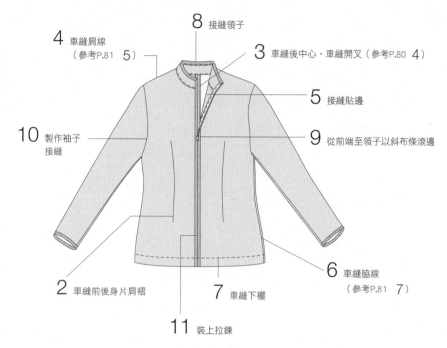

8 接縫領子

4 車縫肩線
（參考P.81　5 ）

3 車縫後中心・車縫開叉（參考P.80　4 ）

5 接縫貼邊

10 製作袖子
　　接縫

9 從前端至領子以斜布條滾邊

2 車縫前後身片肩褶

6 車縫脇線
（參考P.81　7 ）

7 車縫下襬

11 裝上拉鍊

5 接縫貼邊

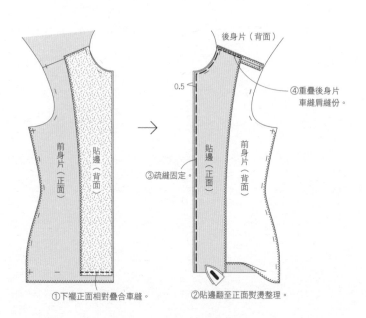

7 車縫下襬

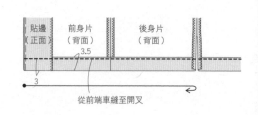

從前端車縫至開叉

8 接縫領子

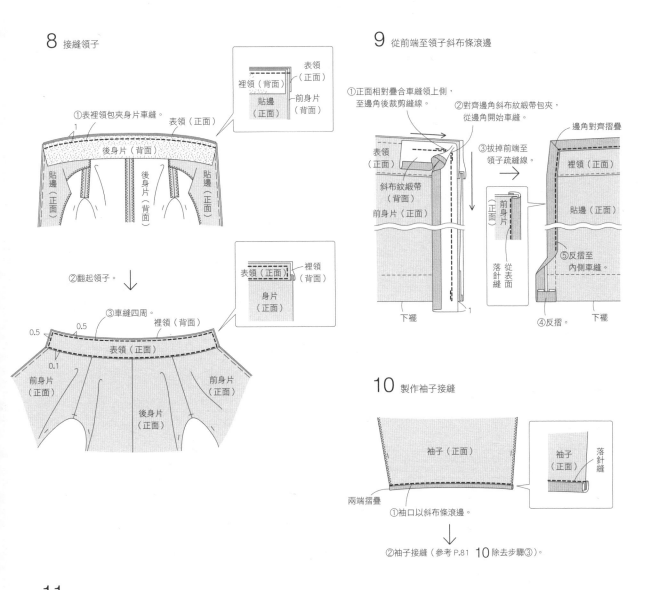

①表裡領包夾身片車縫。

表領（正面）

後身片（背面）

貼邊（正面）

後身片（背面）

貼邊（正面）

表領（正面）

裡領（背面）

前身片（背面）

貼邊（正面）

②翻起領子。

表領（正面）

裡領（背面）

身片（正面）

③車縫四周。

裡領（背面）

表領（正面）

0.5

0.5

0.1

前身片（正面）

前身片（正面）

後身片（正面）

9 從前端至領子斜布條滾邊

①正面相對疊合車縫領上側，至邊角後裁剪縫線。

②對齊邊角斜布紋緞帶包夾，從邊角開始車縫。

③拔掉前端至領子疏縫線。

表領（正面）

斜布紋緞帶（背面）

前身片（正面）

前身片（正面）

從表面落針縫

下襬

1

邊角對齊摺疊

裡領（正面）

貼邊（正面）

⑤反摺至內側車縫。

④反摺。

下襬

10 製作袖子接縫

袖子（正面）

兩端摺疊

袖子（正面）

落針縫

①袖口以斜布條滾邊。

②袖子接縫（參考 P.81 10 除去步驟③）。

11 裝上拉鍊

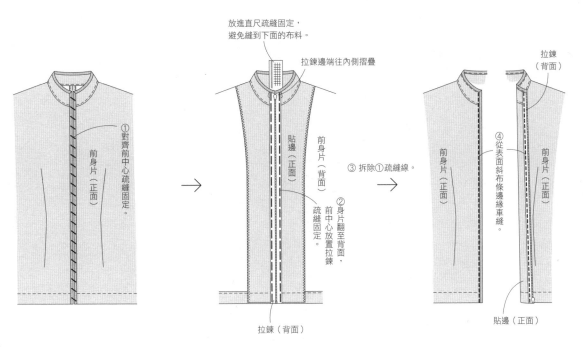

前身片（正面）

①對齊前中心疏縫固定。

放進直尺疏縫固定，避免縫到下面的布料。

拉鍊邊端往內側摺疊

貼邊（正面）

前身片（背面）

②身片翻至背面，前中心放置拉鍊，疏縫固定。

③ 拆除①疏縫線。

前身片（正面）

拉鍊（背面）

前身片（正面）

④從表面斜布條邊緣車縫。

拉鍊（背面）

貼邊（正面）

拉鍊（背面）

<原寸紙型> ⑤面

前褲管・後褲管・腰帶・腰帶環。

<材料>

● 化纖布料寬148×130/135/135/140cm
　＊寬110cm裁剪220/230/230/240cm
● 黏著襯 90×40cm
● 隱形拉鍊 長22cm 1條

<完成尺寸>（從左至右為 S/M/L/LL）

腰圍 67.5／70.5／76.5／79.5cm
褲長 93／94／95／96cm

裁布圖

化纖布料

裡腰帶貼黏著襯

腰帶（2片）

前中心

裡腰帶Z字形車縫

130/135/135/140cm〈S/M/L/LL〉

摺雙

腰帶環（3片）

後褲管（2片）（2.5）

前褲管（2片）（2.5）

（3.5）　（3.5）

寬 148cm

*（ ）中的數字為縫份。除指定處之外，縫份皆為 1cm。

＊在 ▨ 貼上黏著襯。

＊ ～～ 部分進行 Z 字形車縫。

車縫順序

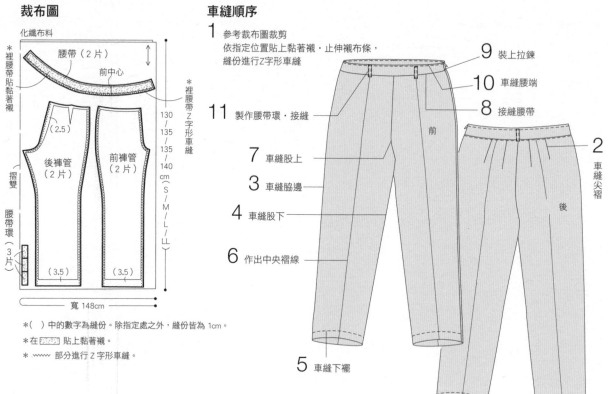

1 參考裁布圖裁剪
　依指定位置貼上黏著襯・止伸襯布條，
　縫份進行Z字形車縫

9 裝上拉鍊
10 車縫腰端
8 接縫腰帶
11 製作腰帶環・接縫
7 車縫股上
3 車縫脇邊
4 車縫股下
6 作出中央褶線
5 車縫下襬
2 車縫尖褶
前
後

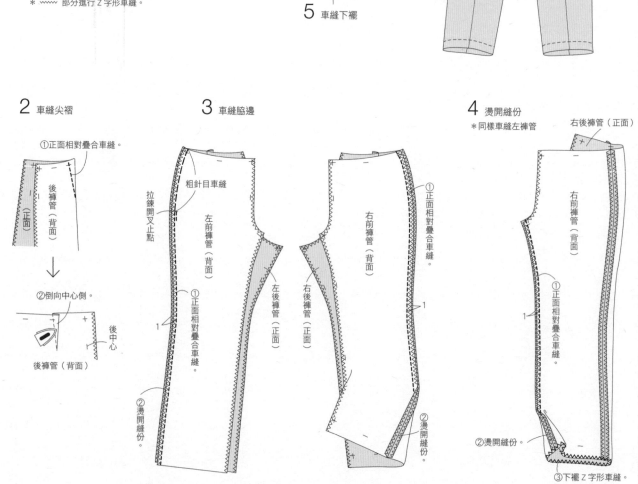

2 車縫尖褶

①正面相對疊合車縫。

後褲管（正面）

後褲管（背面）

②倒向中心側。

後中心

後褲管（背面）

3 車縫脇邊

拉鍊開叉止點

粗針目車縫

左前褲管（背面）

①正面相對疊合車縫。

左後褲管（正面）

②燙開縫份。

右前褲管（背面）

右後褲管（正面）

①正面相對疊合車縫。

②燙開縫份。

4 燙開縫份

＊同樣車縫左褲管

右後褲管（正面）

右前褲管（背面）

①正面相對疊合車縫。

②燙開縫份。

③下襬Z字形車縫。

5 車縫下襬

（正面）

3　3.5
三摺邊車縫

6 作出中央褶線

右前褲管（正面）
右後褲管（正面）

褶子噴霧

放上襯布，
熨斗熨燙褶線

7 車縫股上

①正面相對疊合
　2度車縫。

2.5

1

右前褲管（背面）
右後褲管（背面）
左前褲管（背面）
左後褲管（背面）

②燙開縫份。

8 接縫腰帶

①正面相對疊合。

裡腰帶（正面）

1

表腰帶（背面）
左脇　前中心　右脇　後中心　左脇

②正面相對疊合。

右脇
1
後褲管（背面）
前褲管（背面）
表腰帶（背面）
裡腰帶（背面）
左脇

9 裝上拉鍊
＊隱形拉鍊縫法參考P.26至27 ❺

①拉鍊疏縫固定至
　縫份上。

裡腰帶（背面）
表腰帶（背面）
左後褲管（背面）
左前褲管（背面）

②拆除粗針目縫線。

③翻起鋸齒車縫至開叉止點。

裡腰帶（正面）
裡腰帶（背面）
表腰帶（背面）
表腰帶（正面）
左前褲管（背面）
左後褲管（正面）
開叉止點

10 車縫腰端

①裡腰帶翻至背面，藏針縫。

裡腰帶（正面）
左前褲管（背面）

②壓線。
　左脇
0.2
表腰帶（正面）
裡腰帶（背面）
②落針縫。
左後褲管（正面）
預留拉鍊部分

11 製作腰帶環・接縫

①正面相對疊合車縫。

0.5　（背面）
3
21　　わ

②翻至正面壓線。

0.2
0.2
③裁剪。
7
縫線移至中心

表腰帶（正面）
⑤回針縫。
腰帶環內側

0.2
④摺疊縫份・接縫。
稍稍浮起

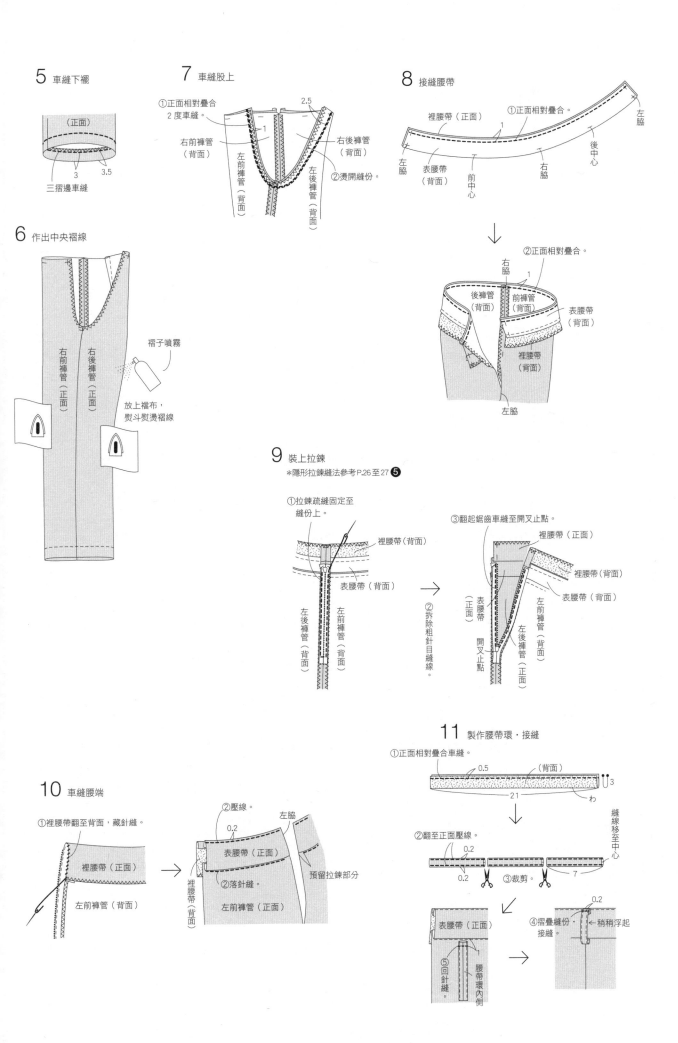

20 乘馬袴　P.32

＜原寸紙型＞ ⑥面

前袴・後袴・腰板（塑膠板）・袴止。

＜完成尺寸＞（Free Size）

身長　90cm

＜材料＞

● 提花布寬112×420cm
● 寬150cm使用390cm
● 黏著襯 90×100cm
● 塑膠板 35×15cm

裁布圖

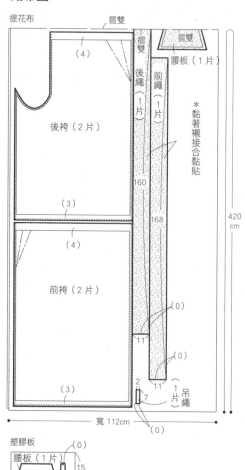

提花布

摺雙

（4）

摺雙

腰板（1片）

後繩（1片）

前繩（1片）

後袴（2片）

前袴（2片）

＊黏著襯接合黏貼

160

168

420cm

（3）

（4）

（3）

（0）

（0）

11

2 7

（1片）吊繩

（0）

寬112cm

塑膠板

腰板（1片）（0）

15

（0）　35　袴止（1片）

＊（　）中的數字為縫份。除指定處之外，縫份皆為1cm。

＊在 ▨▨▨ 貼上黏著襯。

＊ wwww 部分進行Z字形車縫。

＊前繩・後繩・吊繩參考裁布圖尺寸裁剪。

車縫順序

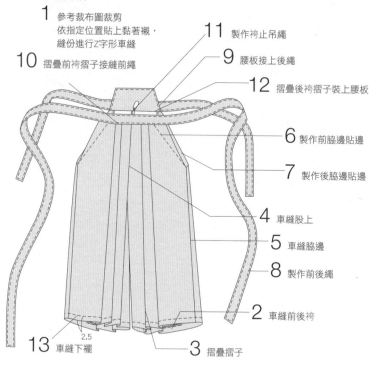

1 參考裁布圖裁剪
依指定位置貼上黏著襯，
縫份進行Z字形車縫

11 製作袴止吊繩

10 摺疊前袴摺子接縫前繩

9 腰板接上後繩

12 摺疊後袴摺子裝上腰板

6 製作前脇邊貼邊

7 製作後脇邊貼邊

4 車縫股上

5 車縫脇邊

8 製作前後繩

2 車縫前後袴

3 摺疊摺子

13 車縫下襬

2.5

2 車縫前後袴

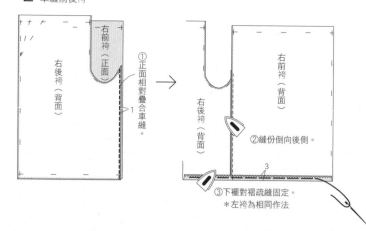

右後袴（背面）

右前袴（正面）

①正面相對疊合車縫。

1

右前袴（背面）

右後袴（背面）

②縫份倒向後側。

3

③下襬對褶疏縫固定。

＊左袴為相同作法。

3 摺疊摺子

①作上合印記號

――――― 山褶
――――― 谷褶

右前袴（正面）

左邊山褶

左邊谷褶 右邊山褶

右邊

左邊

右後袴（正面）

②噴上褶子噴霧，從內褶以熨斗熨燙。

左前袴（正面）

左後袴（正面）

右前袴（正面）

山褶線

右後袴（正面）

4 車縫股上

①股上正面相對疊合車縫。

左後袴（正面）
左前袴
右後袴（背面）
右前袴（背面）山褶
1

5 車縫脇邊

拆除下襬側疏縫線，正面相對疊合車縫。縫份倒向前側。

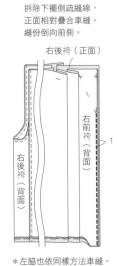

右後袴（正面）
右前袴（背面）
右後袴（背面）
1

＊左脇也依同樣方法車縫。

6 製作前脇邊貼邊

①前端對齊完成線背面相對疊合。

完成線
（正面）
右前袴（背面）
右後袴（背面）

②摺疊至完成線。
0.1
③壓線
右前袴（背面）
右後袴（背面）

7 製作後脇邊貼邊

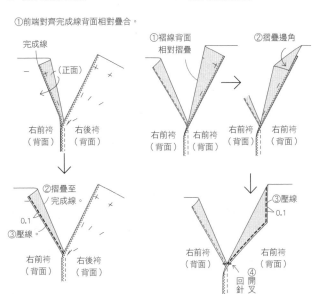

①褶線背面相對摺疊
②摺疊邊角
右前袴（背面）
右前袴（背面）
右前袴（背面）
右前袴（背面）

③壓線
0.1
右前袴（背面）
右前袴（背面）
④開叉止點
回針縫

8 製作前後繩

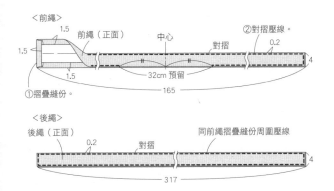

<前繩>
1.5
前繩（正面）
中心
②對摺壓線。
0.2
對摺
1.5
①摺疊縫份。
1.5
32cm 預留
165
4

<後繩>
後繩（正面）
0.2
對摺
同前繩摺疊縫份周圍壓線
317
4

9 腰板接上後繩

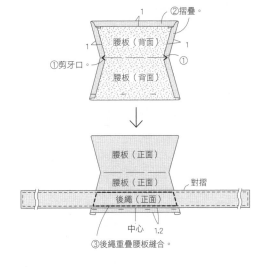

1
②摺疊。
1
腰板（背面）
1
腰板（背面）
①剪牙口
①

腰板（正面）
腰板（正面）
對摺
後繩（正面）
中心
1.2
③後繩重疊腰板縫合。

10 摺疊前袴褶子接縫前繩

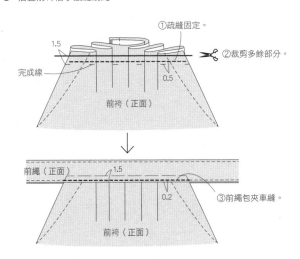

①疏縫固定。
1.5
②裁剪多餘部分。
完成線
0.5
前袴（正面）

前繩（正面）
1.5
③前繩包夾車縫。
0.2
前袴（正面）

12 摺疊後袴褶子裝上腰板

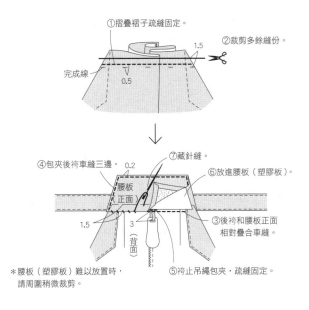

①摺疊褶子疏縫固定。
②裁剪多餘縫份。
1.5
完成線
0.5

④包夾後袴車縫三邊。
0.2
⑦藏針縫。
⑥放進腰板（塑膠板）。
腰板（正面）
1.5
3
（背面）
⑤袴止吊繩包夾·疏縫固定。
③後袴和腰板正面相對疊合車縫。

＊腰板（塑膠板）難以放置時，請周圍稍微裁剪。

11 製作袴止吊繩

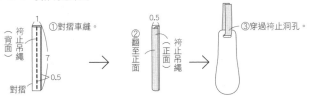

1
①對摺車縫。
袴止吊繩（背面）
7
0.5
對摺

0.5
②翻至正面
袴止吊繩（正面）

③穿過袴止洞孔。

22 絲質高帽 P.33

<原寸紙型> ⑥面

帽頂・帽冠・帽腰布。

<完成尺寸>

頭圍　59cm

<材料>

● Ester沙典布寬150×50cm
　＊寬110cm使用80cm
● 黏著襯（硬質）寬 90×70cm
● 尺寸固定帶70cm
● 寬1cm斜布條（滾邊用）120cm
● 寬3.6cm沙典緞帶70cm

裁布圖

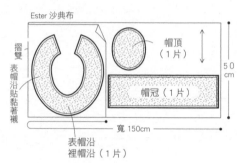

Ester 沙典布

摺雙

表帽沿貼黏著襯

帽頂（1片）

帽冠（1片）

50cm

寬150cm

表帽沿
裡帽沿（1片）

＊除指定處之外，縫份皆為 1cm。
＊在▨貼上黏著襯。
＊ ∿∿ 部分進行Z字形車縫。

車縫順序

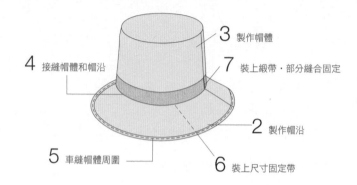

1 參考裁布圖裁剪
　依指定位置貼上黏著襯

3 製作帽體

7 裝上緞帶・部分縫合固定

4 接縫帽體和帽沿

2 製作帽沿

5 車縫帽體周圍

6 裝上尺寸固定帶

---

2 製作帽沿

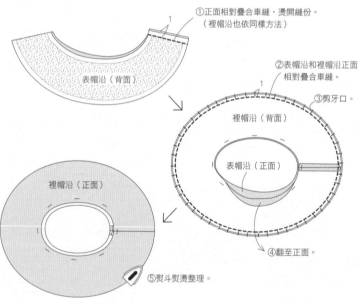

①正面相對疊合車縫・燙開縫份。
（裡帽沿也依同樣方法）

②表帽沿和裡帽沿正面
　相對疊合車縫。

③剪牙口。

裡帽沿（背面）

表帽沿（正面）

裡帽沿（正面）

④翻至正面。

⑤熨斗熨燙整理。

表帽沿（背面）

3 製作帽體

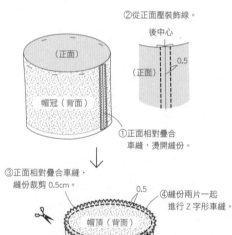

②從正面壓裝飾線。

後中心

0.5

（正面）

帽冠（背面）

①正面相對疊合
　車縫，燙開縫份。

③正面相對疊合車縫，
　縫份裁剪 0.5cm。

④縫份兩片一起
　進行Z字形車縫。

0.5

帽頂（背面）

帽冠（背面）

---

4 接縫帽體和帽沿

①帽冠和表帽沿正面相對疊合車縫。

②剪牙口。

帽冠（背面）

對齊縫線

裡帽沿（正面）

5 車縫帽體周圍

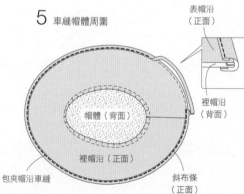

表帽沿（正面）

裡帽沿（背面）

帽體（背面）

裡帽沿（正面）

包夾帽沿車縫

斜布條（正面）

6 裝上尺寸固定帶

縫線對齊尺寸固定帶縫合
＊參考 P.79 8

帽冠（背面）

裡帽沿（正面）

23 手套 P.33

＜原寸紙型＞ ⑥面

左本體・本體・大拇指・側幅A・側幅B・側幅C。

＜完成尺寸＞

長　35cm

＜材料＞

● Ester沙典布 寬98×40cm
　＊寬150cm寬也需要相同尺寸

裁布圖

Ester 沙典布

側幅（各2片）
A　B　C

摺雙

★大拇指
手平側開洞

左本體（1片）
（1）

拇指（2片）
（1）

右本體（1片）
（1）

摺雙

★

40 cm

寬 98cm

＊除指定處之外，縫份皆為 0.5cm。

車縫順序

1 參考裁布圖裁剪布料。

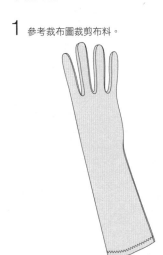

3 接縫側幅

2 接縫拇指

4 車縫周圍

5 車縫下襬
對摺 Z 字形車縫。

1 參考裁布圖裁剪布料

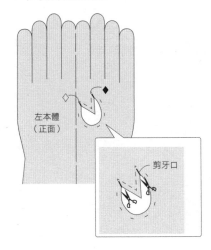

左本體（正面）

剪牙口

2 接縫拇指

始縫

①三角側幅翻至背面。

左本體（背面）

◆

②正面相對疊合車縫手指四周。

大拇指（背面）

對齊合印記號

摺雙

左本體（背面）

③避開三角側幅尖端，先車縫手指。

大拇指（背面）

3 接縫側幅

＊側幅ＡＢＣ依相同方法車縫

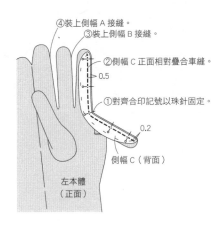

④裝上側幅 A 接縫。
③裝上側幅 B 接縫。
②側幅 C 正面相對疊合車縫。

0.5

①對齊合印記號以珠針固定。

0.2

側幅 C（背面）

左本體（正面）

4 車縫周圍

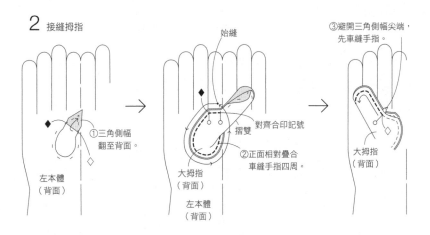

從另一側的狀態

側幅縫份倒向中心側

本體（背面）

本體（正面）

側幅（背面）

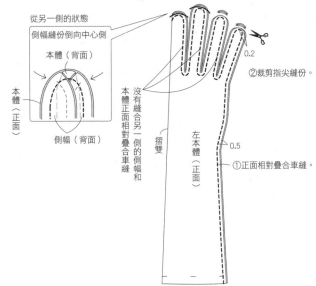

②裁剪指尖縫份。

0.2

摺雙

沒有縫合另一側的側幅和本體正面相對疊合車縫

左本體（正面）

0.5

①正面相對疊合車縫。

Sewing 縫紉家 26

Coser手作裁縫師‧自己作Cosplay手作服&配件

作　　者／日本Vogue社
譯　　者／洪鈺惠
發 行 人／詹慶和
總 編 輯／蔡麗玲
執行編輯／劉蕙寧
編　　輯／蔡毓玲‧黃璟安‧陳姿伶‧李佳穎‧李宛真
封面設計／周盈汝
美術編輯／陳麗娜‧韓欣恬
內頁排版／造極
出 版 者／雅書堂文化事業有限公司
發 行 者／雅書堂文化事業有限公司
郵撥帳號／18225950 戶名：雅書堂文化事業有限公司
地　　址／新北市板橋區板新路 206 號 3 樓
電　　話／ (02)8952-4078
傳　　真／ (02)8952-4084
網　　址／ www.elegantbooks.com.tw
電子郵件／ elegant.books@msa.hinet.net

2017 年 03 月初版一刷　定價 480 元

COS ISHO MAKING BOOK（NV80512）
Copyright © NIHON VOGUE-SHA 2016
All rights reserved.
Photographer: Tetsuya Yamamoto, Noriaki Moriya, Yukari Shirai, Yuki Morimura
Original Japanese edition published in Japan by Nihon Vogue Co., Ltd.
Traditional Chinese translation rights arranged with Nihon Vogue Co., Ltd.
through Keio Cultural Enterprise Co., Ltd.
Traditional Chinese edition copyright © 2018 by Elegant Books Cultural
Enterprise Co., Ltd.

經銷／易可數位行銷股份有限公司
地址／新北市新店區寶橋路 235 巷 6 弄 3 號 5 樓
電話／ (02)8911-0825
傳真／ (02)8911-0801

國家圖書館出版品預行編目 (CIP) 資料

Coser 手作裁縫師‧自己作 Cosplay 手作服 &
配件 / 日本 Vogue 社授權；洪鈺惠譯 . -- 初版 .
-- 新北市：雅書堂文化 , 2018.03
　面；　公分 . -- (Sewing 縫紉家；26)
ISBN 978-986-302-420-0（平裝）
1. 縫紉 2. 衣飾 3. 手工藝

426.3　　　　　　　　　　　　　107002974

Design＆Make

★ オカダヤ新宿本店コスプレ部
　http://twitter.com/okadayaCOSPLAY
★ Atelier Angelica 住友亜希
　http://atelierangelica.com/
★ cosmode
　東京都荒川区東日暮里 6-56-6 長戸ビル 1 F
　http://www.cosmode.jp/index.html
★ おさかなまんぼう
　http://www.osakanamanbou.jp/
★ 留衣工房
　http://louis.shop-pro.jp/
★ 岡本伊代
★ トシ

用具‧布料‧素材協力

★ OKADAYA 新宿本店
　東京都新宿区新宿 3-23-17
※ 刊載內容為 2016 年 5 月資訊。如有短缺必須用代替品。

Staff

★攝影：山本哲也（模特兒）‧森谷則秋（人台）
　　　　白井由香里（製作過程）
★設計：アトム★スタジオ
★插圖：MACCO（封面‧P.46）
　　　　水溜鳥（P.16‧20‧21‧24‧30）
　　　　わめき（P.16‧18‧23‧28‧32）
★模特兒：あちこ（165cm）
★製作解說：しかのるーむ
★紙型‧各種尺寸紙型：（有）セリオ‧（有）エフェメール
★紙型配置（株）ウエイド手藝製作部
★校正協力：小林かおり
★編輯協力：OKADAYA 新宿本店 cosplay 部
★編輯：加藤みゅ紀

縫紉家  Sewing

Happy Sewing
快樂裁縫師

SEWING縫紉家01
全圖解裁縫聖經
授權：BOUTIQUE-SHA
定價：1200元
21×26cm·626頁·雙色

SEWING縫紉家02
手作服基礎班：
畫紙型＆裁布技巧book
作者：水野佳子
定價：350元
19×26cm·96頁·彩色

SEWING縫紉家03
手作服基礎班：
口袋製作基礎book
作者：水野佳子
定價：320元
19×26cm·72頁·彩色＋單色

SEWING縫紉家04
手作服基礎班：
從零開始的縫紉技巧book
作者：水野佳子
定價：380元
19×26cm·132頁·彩色＋單色

SEWING縫紉家05
手作達人縫紉筆記：
手作服這樣作就對了
作者：月居良子
定價：380元
19×26cm·96頁·彩色＋單色

SEWING縫紉家06
輕鬆學會機縫基本功
作者：栗田佐穗子
定價：380元
21×26cm·128頁·彩色＋單色

SEWING縫紉家07
Coser必看の
CosPlay手作服×道具製作術
授權：日本ヴォーグ社
定價：480元
21×29.7cm·96頁·彩色＋單色

SEWING縫紉家08
實穿好搭の
自然風洋裝＆長版衫
作者：佐藤ゆうこ
定價：320元
21×26cm·80頁·彩色＋單色

SEWING縫紉家09
365日都百搭！穿出線條の
may me 自然風手作服
作者：伊藤みちよ
定價：350元
21×26cm·80頁·彩色＋單色

SEWING縫紉家10
親手作の
簡單優雅款白紗＆晚禮服
授權：Boutique-sha
定價：580元
21×26cm·88頁·彩色＋單色

SEWING縫紉家11
休閒＆聚會都ok！穿出style
のMay Me大人風手作服
作者：伊藤みちよ
定價：350元
21×26cm·80頁·彩色＋單色

SEWING縫紉家12
Coser必看の
CosPlay手作服×道具製作術2：
華麗進階款
授權：日本ヴォーグ社
定價：550元
21×29.7cm·106頁·彩色＋單色

SEWING縫紉家13
外出＋居家都實穿の
洋裝＆長版上衣
授權：Boutique-sha
定價：350元
21×26cm·80頁·彩色＋單色

SEWING縫紉家14
I LOVE LIBERTY PRINT
英倫風の手作服＆布小物
授權：實業之日本社
定價：380元
22×28cm·104頁·彩色

SEWING縫紉家15
Cosplay超完美製衣術・
COS服的基礎手作
授權：日本ヴォーグ社
定價：480元
21×29.7cm·90頁·彩色＋單色

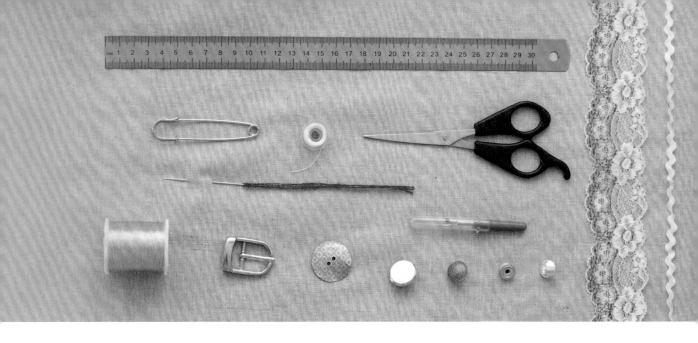

SEWING縫紉家16

自然風女子的日常手作衣著

作者：美濃羽まゆみ

定價：380元

21×26 cm・80頁・彩色

SEWING縫紉家17

無拉鍊設計的一日縫紉：
簡單有型的鬆緊帶褲＆裙

授權：BOUTIQUE-SHA

定價：350元

21×26 cm・80頁・彩色

SEWING縫紉家18

Coser的手作服華麗挑戰：
自己作的COS服×道具

授權：日本Vogue社

定價：480元

21×29.7 cm・104頁・彩色

SEWING縫紉家19

專業裁縫師的紙型修正祕訣

作者：土屋郁子

定價：580元

21×26 cm・152頁・雙色

SEWING縫紉家20

自然簡約派的
大人女子手作服

作者：伊藤みちよ

定價：380元

21×26 cm・80頁・彩色＋單色

SEWING縫紉家21

在家自學
縫紉的基礎教科書

作者：伊藤みちよ

定價：450元

19 × 26 cm・112頁・彩色

SEWING縫紉家22

簡單穿就好看！
大人女子の生活感製衣書

作者：伊藤みちよ

定價：380元

21 × 26 cm・80頁・彩色

SEWING縫紉家23

自己縫製的大人時尚・
29件簡約俐落手作服

作者：月居良子

定價：380元

21 × 26 cm・80頁・彩色

SEWING縫紉家24

素材美＆個性美・
穿上就有型的亞麻感手作服

作者：大橋利枝子

定價：420元

19 × 26cm・96頁・彩色

SEWING縫紉家25

女子裁縫師的日常穿搭

授權：BOUTIQUE-SHA

定價：380元

19 × 26cm・88頁・彩色